Mauricio Tapia Vargas

Reforzamiento con fibras de carbono en edificios educativos de la CDMX

Mauricio Tapia Vargas

Reforzamiento con fibras de carbono en edificios educativos de la CDMX

Con deformaciones estructurales por los efectos sísmicos del 2017

Editorial Académica Española

Imprint

Any brand names and product names mentioned in this book are subject to trademark, brand or patent protection and are trademarks or registered trademarks of their respective holders. The use of brand names, product names, common names, trade names, product descriptions etc. even without a particular marking in this work is in no way to be construed to mean that such names may be regarded as unrestricted in respect of trademark and brand protection legislation and could thus be used by anyone.

Cover image: www.ingimage.com

Publisher:
Editorial Académica Española
is a trademark of
Dodo Books Indian Ocean Ltd. and OmniScriptum S.R.L publishing group

120 High Road, East Finchley, London, N2 9ED, United Kingdom
Str. Armeneasca 28/1, office 1, Chisinau MD-2012, Republic of Moldova, Europe
Managing Directors: Ieva Konstantinova, Victoria Ursu
info@omniscriptum.com

Printed at: see last page
ISBN: 978-620-2-16894-6

REFORZAMIENTO CON FIBRAS DE CARBONO EN EDIFICIOS EDUCATIVOS DE LA CIUDAD DE MÉXICO, CON DEFORMACIONES ESTRUCTURALES POR LOS EFECTOS SISMICOS DEL 2017

Ing. Arq. Mauricio Tapia Vargas

Contenido

Introducción.

La ciudad de México, antes llamada Distrito Federal, es la capital del país que se ubica en la región centro sur del territorio nacional, con 1495 km² (representando el 0.1% de la superficie del país, siendo la entidad más pequeña). Su población es 99% urbana y, durante el año 2020, la población censó 9 millones de habitantes, que representó el 7.3% del total del país; lo que la posiciona como la segunda entidad federativa más poblada, por detrás del Estado de México (Wikipedia, s.f.).

En época reciente, México ha resistido 2 grandes sismos. El primero de ellos sucedió el 19 de septiembre de 1985 con una magnitud de 8.1, afectando zonas en el centro, sur y occidente del país; y con especial afectación en la ciudad de México. El número de muertos, heridos y daños materiales nunca se dieron a conocer con precisión. Sin embargo, según cifras oficiales, se estima que las personas fallecidas ascendieron a 3 mil (aunque algunas organizaciones no gubernamentales publicaron el dato de 20 mil). Este sismo es, hasta el momento, el más poderoso y destructivo en la historia contemporánea del país.

De acuerdo con la Universidad Nacional Autónoma de México (UNAM, 2015), el sismo colapsó casi 370 edificios en la ciudad de México, provocando el derrumbe del Hospital Juárez y del Centro Médico Nacional; destruyó el edificio habitacional Nuevo León, ubicado en el conjunto Tlatelolco; así como al Conjunto Multifamiliar Juárez y al hotel Regis, sólo por mencionar a los más significativos. Pero el caso de los edificios ubicados en la zona de San Antonio Abad, que albergaban 800 talleres de costura, fue la noticia que sacudió al país. El sismo acabó con la vida de casi 1600 costureras que trabajaban en condiciones lamentables y dejó a 40 mil sin empleo y sin indemnización.

32 años después y el mismo día, el 19 de septiembre de 2017, ocurrió un terremoto con magnitud de 7.1, cuyo epicentro se ubicó a 12 km de Axochiapan, en el estado de Morelos y sólo a 120 km de la ciudad de México. Este fenómeno natural dañó a casi 13 mil edificios en la ciudad, colapsando a 38 inmuebles y provocó la muerte de 230 personas (Contralacorrupción, 2021).

Con respecto a los espacios educativos, poco más de 2 mil escuelas sufrieron daños. En algunos casos fueron reconstruidas y la mayoría de ellas fueron rehabilitadas. La Secretaría de Obras y Servicios de la ciudad (SOBSE) intervino 569 escuelas en temas de conservación y rehabilitación, 226 planteles fueron reconstruidos, se apoyó a 118 escuelas en el reforzamiento de su cimentación con pilotes; y, finalmente, se construyeron 8 nuevas escuelas (Gobierno de la Ciudad de México, s.f.).

Después del sismo y de sus efectos negativos (con la pérdida material y de vidas), los habitantes de la ciudad se cuestionaban el motivo por el que los edificios de reciente construcción fallaron durante el temblor. Y los motivos fueron diversos, desde un incremento en la carga viva que no fue considerada en los cálculos estructurales originales de los inmuebles hasta el empleo de materiales con menor capacidad de carga. Algunos edificios tuvieron una falla estructural debido a la instalación de anuncios monumentales en las azoteas de los inmuebles -que fueron prohibidos en la ciudad de México desde el 2010- y que incrementaron el peso de la construcción hasta en 7 t. El suelo, después del sismo, presentó agrietamientos importantes que hoy generan espectros de debilitamiento en zonas urbanas con potencial de falla debido a un posible colapso del terreno.

Pero no todas las construcciones que manifiestan agrietamiento deben ser demolidas. De acuerdo con la normatividad vigente de la ciudad, si el edificio presenta deformaciones dentro de un parámetro de tolerancias, se procede a un reforzamiento que reintegre la capacidad estructural al edificio. Para ello, existen diferentes métodos de reforzamiento de estructuras que tienen como fin la preservación de los inmuebles sin perder la memoria colectiva de un lugar.

En época reciente, el reforzamiento con fibras de carbono ha tenido un auge por diversos factores, ya que no incrementa significativamente el peso de la construcción y tampoco modifica el tamaño de los elementos intervenidos. La alternativa de implementar fibras de polímeros sintéticos ha generado una nueva expectativa de vida para estos edificios; incrementándose su capacidad de carga hasta en 10 veces su valor original. Por ello, se analiza el comportamiento estructural de los edificios escolares construidos entre las décadas de los 70s a 90s, bajo la dirección del Comité Administrador del Programa Federal de Construcción de Escuelas (CAPFCE), verificando su capacidad de carga para los actuales requerimientos normativos y determinando su posible reforzamiento estructural por medio de fibras de carbono.

Finalmente, se sugieren los criterios de refuerzo de sus elementos portantes, garantizando con ello la preservación de los inmuebles y la longevidad estructural como garantía para sus usuarios.

Los sismos y el suelo de la ciudad de México.

La historia de los sismos viene desde la época prehispánica cuando se creía que el sol, durante su trayectoria, se tropezaba y generaba un movimiento en la Tierra. Sin embargo, científicamente, un sismo es producido por una fractura en el suelo debido a un deslizamiento de las placas profundas del planeta, por lo que la actividad sísmica en un país dependerá directamente de su ubicación dentro del globo terráqueo. Su potencia será medida por la escala Richter que indica, a partir de su valor, la magnitud de un temblor o un terremoto. Con valores de magnitud de hasta 6, será un sismo de baja magnitud que provocará daños ligeros en las construcciones; con una magnitud de hasta 6.9 podría causar daños severos en zonas muy pobladas y se considera un sismo fuerte; con una intensidad de hasta 7.9 causará daños graves a las ciudades; y un sismo con un valor superior a 8 podría tener la fuerza de destruir poblaciones cercanas a su origen o epicentro.

La magnitud de un sismo es un número que busca caracterizar el tamaño de un sismo y la energía sísmica liberada. Se mide en una escala logarítmica, de tal forma que cada unidad de magnitud corresponde a un incremento de raíz cuadrada de 1000, o bien, de aproximadamente 32 veces la energía liberada. Es decir que, un sismo de magnitud 8 es 32 veces más grande que uno de magnitud 7 (Servicio Sismológico Nacional, s.f.).

Los sismos que se producen en México tienen su origen en las costas del Pacífico, en donde se ubica la placa tectónica de Cocos, con un hundimiento de casi 6cm por año. En un periodo de 30 años, podría alcanzar un hundimiento de casi 180cm que representa una cantidad importante de energía por liberarse a través de un sismo -se cree que sólo basta un hundimiento de hasta 120 cm para producir un sismo con una magnitud de 7- (ver **Figura 1**).

Figura 1. Placas tectónicas de la República Mexicana.

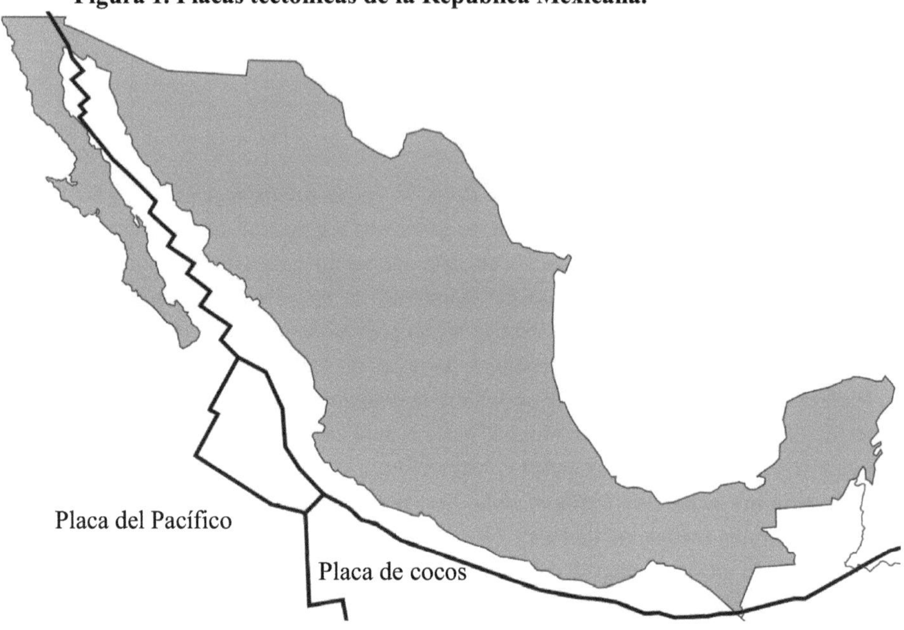

Nota. Ubicación de las placas tectónicas en la República Mexicana, con especial atención a la Placa de Cocos que general el porcentaje mayor de sismos en México. Reproducido de la página oficial del Instituto Nacional de Estadística, Geografía e Informática de México INEGI, 2024. Elaboración propia

Otro dato importante por destacar es que, en México, los sismos han tenido intervalos de casi 30 años entre ellos (hubo un sismo de importante magnitud en 1957, otro en 1985-con un intervalo de tiempo de 28 años- y otro en 2017- con un intervalo de tiempo de 32 años-).

Estos movimientos ocurren con mayor frecuencia en la zona sur y sureste del territorio mexicano y afectan directamente a estados de la República como son la ciudad de México, Jalisco, Colima, Michoacán, Guerrero, Oaxaca, Puebla, el Estado de México y Veracruz. En esta zona se registran más de 90 sismos con una magnitud superior a 4, que representan casi un 60% de todos los sismos que se registran a nivel mundial (UNAM, 2015).

Dicho de otra forma, si la actividad sísmica depende directamente de la ubicación de un territorio dentro del planeta entonces su ubicación generará, intrínsecamente, un **Factor de riesgo**; es decir, un riesgo que dependerá de la probabilidad de ocurrencia sísmica en un territorio específico y dentro de un periodo de tiempo causando, en conjunto, pérdidas y daños. Sin embargo, en un **Factor de riesgo**, hay situaciones que no se pueden prever y hay otras que sí. En el primer caso, estaría la magnitud del sismo y el grado de peligro al que se expone una ciudad y sus habitantes, también la existencia de posibles efectos que amplifiquen las ondas sísmicas y que dependerá directamente del tipo de suelo- por ejemplo, en suelos arcillosos es probable un incremento de la onda sísmica-. Pero en el segundo caso (lo que sí podría prevenirse) está la calidad de los materiales utilizados en las construcciones, un diseño estructural adecuado para presentar una respuesta favorable ante un sismo; y la resiliencia de las autoridades e instituciones para tener una respuesta inmediata ante un desastre natural. En conjunto, estas acciones determinarían el grado de daño de un sismo en una ciudad, a partir de su **Factor de riesgo**.

No sobra señalar que la distribución urbana en la ciudad de México es desigual y que las zonas periféricas o conurbadas, ocupando territorios ilegales en cerros, representan una vulnerabilidad adicional por carecer de la ingeniería necesaria para retener los taludes naturales y evitar desgajamientos del suelo y la falla inminente de las construcciones. Por ello, la calidad en los asentamientos humanos determinará un factor adicional en el comportamiento de una ciudad ante un sismo.

Aunado a ello, la ciudad de México se desplanta en un terreno poco firme que tuvo su origen en un gran lago, el de Texcoco. Si la ciudad cuenta con una superficie de 1495 km² y el gran Lago de Texcoco tenía una superficie aproximada de 700 km² dentro del territorio de la ciudad, resultará obvio considerar que el 50% de la ciudad está desplantada en terreno firme y el otro 50% está desplantado sobre un suelo que, en algún momento de su vida, fue un lago con una capacidad estructural de carga mínima (ver **Figura 2**).

Con terrenos blandos, el riesgo inicial será para aquellos edificios de 10 a 20 niveles de construcción que podrían incrementar la magnitud de un temblor hasta en 5 veces. Ante la combinación letal de un sismo de gran magnitud y de larga duración (superior a un minuto), los edificios se enfrentan a esfuerzos de torsión que podrían deformar su estructura, rebasando su límite plástico hasta hacerlos llegar a su estado de falla (UNAM, 2015).

Desafortunadamente, a nivel mundial, existe un tipo de temblor llamado mega sismo con magnitudes de alrededor de 9. El de Chile, en 1960, fue de magnitud de 9.5 y es el más grande que se ha registrado hasta ahora. Por lo que la posibilidad de que ocurran sismos de fuerte magnitud y alta duración pondrían en riesgo a los 9 millones de personas que habitan la ciudad, por no mencionar a los otros estados del país que resultarían afectados.}

Figura 2. Ciudad de México y la extensión del lago de Texcoco.

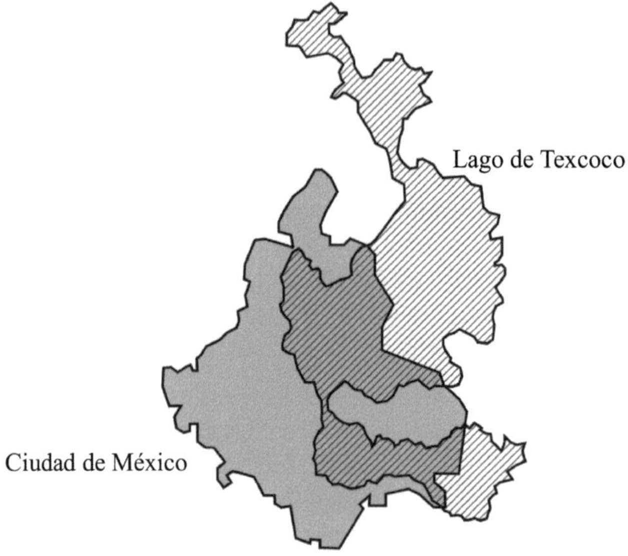

Nota. En la imagen se aprecia la ocupación real del Lago de Texcoco en el urbano para la Ciudad de México. Elaboración propia

Y esos mismos 9 millones de habitantes requieren agua para su vida diaria. Durante el siglo XX se incrementó el número de pozos para la extracción de agua del manto natural del subsuelo de la ciudad. Aproximadamente el 60% de la demanda de agua potable que requieren sus habitantes se obtiene de la extracción del manto acuífero, equivalente a 40 mil litros por segundo (Instituto de Ingeniería UNAM, s.f.). Esto ha ocasionado que en la ciudad se hable de un fenómeno que se denomina Hundimiento regional, con cotas que van desde los 2 y hasta los 30cm de hundimiento por año, lo que ocasiona el agrietamiento de los inmuebles de "forma natural", hablando de deformaciones habituales en el contexto de la ciudad. Tal es el grado de cotidianidad de la presencia de grietas en los edificios que la nueva normativa de la ciudad de México señala que las grietas serán severas cuando sean mayores a los 5mm de ancho (ver **Figura 3**).

Desde 1925, el ingeniero Roberto Gayol, autor del proyecto y director de las obras de drenaje de la ciudad, informó sobre el "descenso general del fondo del Valle", presentando como primera evidencia de ese fenómeno, el asentamiento que acusaba la Catedral Metropolitana de la Ciudad de México. Nabor Carrillo demuestra que la causa principal del hundimiento es el abatimiento de las presiones piezométricas que provoca la extracción de agua subterránea. Tales hundimientos han propiciado la generación de grietas en el valle, principalmente en las alcaldías de Iztapalapa, Tláhuac y Xochimilco (Instituto de Ingeniería UNAM, s.f.).

Figura 3. Tabulador de descripción de daño a partir del tamaño de grietas.

Intensidad de daño	Dimensión de la grieta
Nulo	Sin daño (inexistente)
Ligero	<1mm
Moderado	<5mm
Severo	<5mm

Nota. Reproducción de una tabla informativa, contenida en la Norma Técnica Complementaria para la evaluación y rehabilitación estructural de edificios existentes de la Ciudad de México. Reproducido de la página oficial del Instituto para la Seguridad de las Construcciones, 2024 (https://www.isc.cdmx.gob.mx/directores-res/cursos-de-actualizacion-2022/normas-tecnicas-complementarias-2023). Obra de Dominio Público.

Este hundimiento regional clasificó al suelo de la ciudad de México en 3 categorías: los suelos que tienen un hundimiento de 2 a 10cm, los que tienen un hundimiento de 11 a 20cm y los que tienen hundimientos de 21 a 30cm, por año. Y esta clasificación derivó en una zonificación del suelo que permitió establecer unos "parámetros de predicción" ante una respuesta sísmica, generando gráficas que muestran periodos dominantes o amplificaciones de esfuerzos sísmicos en la zona. Pero esto sólo aplica cuando hablamos de grandes superficies porque, para los casos de menores escalas -como pueden ser microzonificaciones- se deberá realizar el estudio específico de resistencias por medio de un estudio de mecánica de suelos que permita estimar la influencia del sismo sobre la construcción (Instituto de Ingeniería UNAM, 2020).

En el 2016, el gobierno de la ciudad de México presentó una clasificación del suelo basada en datos de sondeos geotécnicos y dichos datos fueron publicados en la **Norma Técnica Complementaria para el diseño y construcción de cimentaciones**. De acuerdo con el Reglamento de construcciones del Distrito Federal (ahora ciudad de México) en su artículo 170, la zonificación del suelo se divide en 3 grupos que dependerá de la clasificación obtenida por las diferentes profundidades de los hundimientos regionales indicados con anterioridad, según lo siguiente (ver **Figura 4**):

Figura 4. Zonificación tectónica en la Ciudad de México.

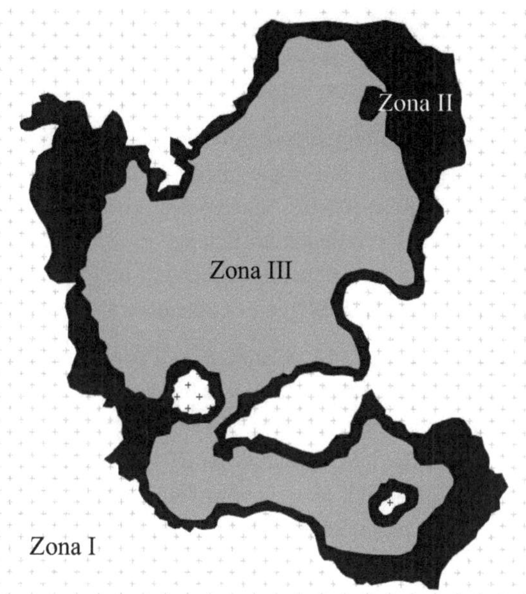

Nota. Zonificación de las 3 grandes áreas que tiene la Ciudad de México, en términos tectónicos y con base a los hundimientos regionales anuales, oscilando de 2 a 30cm. Reproducido de la investigación realizada por el Instituto de Ingeniería de la UNAM para el Instituto para la Seguridad de las Construcciones ISC, 2024. (https://transparencia.cdmx.gob.mx/storage/app/uploads/public /603/44b/1c6/60344b1c69beb045505965.pdf). Obra de Dominio Público.

Zona I. Lomas, formada por rocas o suelos generalmente firmes que fueron depositados fuera del ambiente lacustre. En esta Zona, es frecuente la presencia de rellenos artificiales no compactados o de oquedades en rocas y de cavernas y túneles excavados en el suelo para explotar minas de arena. Presenta una resistencia del suelo de hasta 8t/m² que puede ser considerada para el diseño de edificios ligeros con cimentaciones someras;

Zona II. Transición, en la que los depósitos profundos se encuentran a 20m de profundidad, o menos, y que está constituida por una combinación de estratos arenosos y limosos, intercalados con capas de arcilla lacustre. El espesor de estas es variable entre decenas de centímetros y pocos metros; con resistencia del suelo de hasta $5t/m^2$; y

Zona III. Lacustre, integrada por potentes depósitos de arcilla altamente compresible, separados por capas arenosas con contenido de limo y arcilla. Los depósitos lacustres suelen estar cubiertos superficialmente por suelos aluviales y rellenos artificiales; el espesor de este conjunto puede ser superior a 50m. Y la resistencia del suelo se considera de hasta $4t/m^2$, también para edificios ligeros con cimentaciones someras.

Los problemas causados a las construcciones por el hundimiento regional debido a la construcción de edificios cada vez más pesados y a la extracción de agua de los mantos acuíferos del suelo no son los únicos problemas a los que se enfrenta la ciudad de México. El sismo de 2017 presentó un movimiento oscilatorio y otro trepidatorio, con un movimiento vertical del suelo que ocasionó fracturas en de parte del territorio de la ciudad, en su zona suroriente y sur poniente.

A través de 10 mil sondeos que se realizaron en todo el territorio de la ciudad y su zona conurbada, se pudo registrar el sistema de grietas que afectan al suelo y que ponen en riesgo a cientos de inmuebles y sus usuarios. Son numerosas fallas cartografiadas que superan los 20 km de longitud y obligan, a partir de movimientos sísmicos superiores a una magnitud de 5, al diagnóstico del estado de los edificios en su condición post sísmica, a través de dictámenes estructurales realizados por directores responsables de obra (Instituto de Ingeniería UNAM, 2020).

Con esto se destaca que, a partir del sismo de 1985, se tuvo un cambio normativo significativo que derivó en la concepción y asertividad del factor de riesgo sísmico. Por el hecho de que la ciudad de México está desplantada sobre una superficie que fue un lago, los sismos liberan un alto contenido de energía que provoca oscilaciones importantes en los edificios, vibrando en las mismas frecuencias del sismo y resultando con alto grado de daño estructural. Por ello, las nuevas normas constructivas, derivadas del sismo de 1985 (publicadas en

1987), incluyeron los efectos de interacción entre el suelo y la estructura para que fueran considerados en el cálculo estructural de los inmuebles. En el sismo de 2017, el 61% de los edificios colapsados resultaron dañados desde el temblor de 1985 pero nunca fueron reportados ni reforzados.

Con respecto a la tipología de edificios construidos en la ciudad de México y el grado de daño causado por los sismos se puede destacar que, por ejemplo, el sismo de 1957 causó graves daños en los edificios por la presencia de construcciones con grandes ventanales, producto de la presencia del estilo moderno internacional en la ciudad, aunado a un proceso de explosión demográfica que pobló las zonas periféricas de la ciudad, aumentando el grado de vulnerabilidad de las construcciones ante la carencia de apoyo técnico y supervisión especializada que siempre están ausentes en estas zonas marginadas.

Sin embargo, una tipología de estructura que resultó mayormente dañada por el sismo de 2017 fue la de concreto armado. Posiblemente la presencia de los inmuebles desplantados sobre suelos blandos amplificó las ondas sísmicas que incrementaron la fuerza aplicada a los edificios; sin olvidar que en la ciudad de México existen hundimientos que pueden resultar diferenciales generando, en la estructura, tensiones. Edificios con criterios irregulares en su geometría estructural o con efectos de planta baja blanda comprometieron la estabilidad de todo el edificio, provocando su colapso. La mala calidad en los materiales, mala supervisión técnica de obra y el deterioro de la estructura por falta de mantenimiento son constantes que siguen disminuyendo la vida útil de un edificio.

En el Informe anual de transparencia 2020 del Gobierno de la Ciudad de México, se indicó que un problema identificado a partir de las revisiones post sísmicas fue la vulnerabilidad en ciertas tipologías de edificios. Una de ellas corresponde a edificios estructurados a base de columnas de concreto reforzado sin trabes y con losas planas, que fueron construidos antes de septiembre de 1985. Se cuenta con información detallada de una muestra de edificios dañados por el sismo de 2017. Este estudio se enfoca en la evaluación de la vulnerabilidad de dos grupos de edificios, el primero las estructuras construidas antes de 1985 cuando era aplicable el Reglamento de Construcciones de 1976, y el segundo comprende los construidos posterior a esa fecha (ver **Figura 5**).

Figura 5. Tipología estructural de edificios fallados por el sismo de 2017.

Sistema estructural principal	Sistema de piso	% de edificios
Marcos rígidos de concreto reforzado	Losa maciza	15.8%
Columnas de concreto reforzado	Losa maciza	35.3%
Marcos de concreto reforzado	Losa maciza	1.0%
Mampostería confinada	Losa maciza o de vigueta y bovedilla	12.5%
Mampostería parcialmente confinada	Losa maciza o bóveda catalana	5.9%
Mampostería no confinada	Losa maciza, vigueta y bovedilla o bóveda catalana	13.5%
Acero	Losacero	2.3%
Columnas de concreto y mampostería confinada	Losa maciza	5.9%
Marcos de concreto y mampostería confinada	Losa maciza	5.3%
	Otros	2.3%
		100%

Nota. En la figura se puede observar el porcentaje de edificios con fallas post sísmicas construidos con estructura de concreto (63.3%), los edificios con estructura metálica (2.3%) y el 34.4% restante en estructuras de mampostería. Reproducido de la página del Gobierno de la Ciudad de México, 2022. (https://transparencia.cdmx.gob.mx/storage/app/uploads/public/603/44f/037/6 0344f0373bc4732608066.pdf). Obra de Dominio Público.

Bajo este análisis, resulta interesante observar que sólo el 2% de los edificios fallados por el sismo tuvieron estructura metálica; por lo que se determina que los edificios de acero, al ser más ligeros, tienen un mejor comportamiento durante el sismo.

De manera paralela a las posibles deformaciones de un edificio ante un sismo, se tiene la capacidad de respuesta que la ciudad de México ha experimentado ante la presencia de sismos. En 1985 no existían sistemas de alerta sísmica y la infraestructura de los edificios era más vulnerable. El tiempo de respuesta de la población sucedía a la par del sismo, por lo que se carecía de protocolos de protección civil. Para el 2017, la ciudad ya contaba con un sistema de alerta sísmica que permitió tener unos segundos de aviso antes de que el sismo afectara a las ciudades, permitiendo evacuar a un número mayor de personas, con protocolos de desalojo de edificios más claros y con una población más entrenada en el manejo de rutas de emergencia, por los simulacros de sismo que se realizan anualmente en todo el país.

Sin duda, en 2017, existía una infraestructura tecnológica mucho más avanzada, incluyendo sistemas de monitoreo sísmico en tiempo real, redes de comunicación más robustas, y mejor acceso a información a través de teléfonos móviles y medios de comunicación. La información fue más rápida y precisa.

Hablando de infraestructura, el daño ocasionado por el sismo de 2017 fue menor al de 1985, debido a las mejoras realizadas a las normas de construcción y de la infraestructura de la ciudad.

Finalmente, en temas urbanos, las estrategias por tomarse en cuenta para que la ciudad sea más resiliente tienen que ver con una planeación urbana que prohíba la construcción en zonas de alto riesgo, evitando suelos blandos o propensos a expandir las ondas sísmicas; así como la posibilidad de crear parques y espacios abiertos que sirvan de amortiguamiento de seguridad, que permitan ser usadas como puntos de reunión durante un sismo. También debe ser importante reubicar zonas urbanas marginadas que ocupan actualmente áreas con riesgo extremo en el suelo que, a futuro, podrían transformarse en zonas con potencial de falla. En temas constructivos por considerar, será el diseño de edificios sismo resistentes que cumplan con las normas actualizadas, implementando -cuando sea necesario- programas de renovación de reforzamiento estructural.

Los espacios educativos del CAPFCE.

El sistema escolar en México atravesaba una deficiencia en su infraestructura ya que la mayoría de las escuelas operaban en espacios improvisados, con instalaciones rudimentarias y con ausencia de servicios básicos. Normalmente las áreas rurales y marginadas presentaban escasez de escuelas que dificultaba el acceso a la educación para niños de comunidades alejadas, derivando en una alta tasa de deserción y remarcando la desigualdad regional entre las zonas urbanizadas y las rurales. Es lógico suponer que el grado de desatención a las comunidades indígenas era alto.

En el tema de la construcción de escuelas, existía una falta de estandarización en su diseño que impedía tener un control sobre la infraestructura escolar y su comportamiento a diversos factores naturales y ambientales que ponían en riesgo a los alumnos.

A partir de ello, el arquitecto José Luis Cuevas planeó, en 1938, un órgano único que construyera las escuelas que el país necesitaba. Y fue en 1944, cuando el presidente de México, el general Manuel Ávila Camacho, creó el Comité Administrador del Programa Federal de Construcción de Escuelas (CAPFCE) - bajo la tutela de Jaime Torres Bodet- para que existiera un solo organismo en todo el país que diera la solución a la ubicación de predios destinados a la construcción de escuelas, su diseño y su mantenimiento; logrando la institucionalización del diseño de las escuelas y transformando, paulatinamente, a las viejas casonas en escuelas formales, o bien, construyendo aulas en zonas rurales en donde los niños estudiaban en condiciones precarias (ver **Figura 6**). El Comité vio pasar en la dirección y en sus delegaciones a los más grandes arquitectos del país, entre éstos Pedro Ramírez Vázquez y Francisco Artigas (Ornelas, 2019).

Esto corresponde a un momento cultural muy importante de México, es el momento en que todavía se siguen construyendo las instituciones de la Revolución. No son acontecimientos aislados, no son ocurrencias de ningún político; es todo un ambiente intelectual, artístico, político, que tiene que ver con hacer un país nuevo. Se crean instituciones: las secretarías de Educación Pública y Salud, el Banco de México, que correspondían con la idea internacional de la modernización (El Universal, 2020).

Figura 6. Las escuelas primarias de principios del siglo XX, en México.

Nota. Sin tener una infraestructura adecuada, las escuelas de principios del siglo XX se instalaban en casonas o en chozas, 2024. Reproducido de (https://mpreyesb.blogspot.com/2015/05/7-collage-institucionalizacion-de-la.html). Obra de Dominio Público.

Durante el gobierno de Adolfo López Mateos (de 1958 a 1964), el CAPFCE llevó el mejoramiento y la expansión de la educación básica en todo el país, a través del **Plan Nacional de 11 años** que intentó planificar la educación a largo plazo. Entre sus objetivos se tenían:

- Reducir el rezago educativo.
- Crear bases para futuras carreras profesionales.
- Preparar a los alumnos para la vida en 11 años de estudio.
- Crear institutos de capacitación para formar maestros.
- Proveer libros de texto gratuitos.
- Ofrecer desayunos escolares y uniformes para los niños.

- Proponer proyectos de apoyo para los padres de familia.

Con todas estas acciones, el **Plan Nacional de 11 años** logró incrementar la matrícula de alumnos inscritos, redujo el analfabetismo en la población de seis años y más; y aumentó el número de escuelas. Con esto último, el papel del CAPFCE en la educación nacional se hizo fundamental, pero lo confrontó con ciertos retos.

Así, el CAPFCE tuvo que enfrentar condiciones específicas en la ciudad de México y en los diferentes estados del país. En el primer caso, la ciudad experimentaba un crecimiento demográfico rápido que generaba una alta demanda de espacios escolares; sin embargo, en la zona central de la ciudad ya se empezaba a escasear la superficie libre. Otra dificultad era la sismicidad en la ciudad, tanto por el suelo lacustre que la cubría casi en un 50% de su territorio como los efectos que le causaba al diseño de las estructuras, con costos elevados de construcción que esto conlleva. Finalmente, por ser una ciudad poblada, empezaba a tener problemas de congestión vial que impedía la accesibilidad a los predios escolares, aunado a una red de transporte precaria.

Con respecto a los otros estados del país, el grave problema era la dispersión de los asentamientos poblacionales, la inclusión de la diversidad cultural y lingüística de todos los grupos sociales, la falta de infraestructura básica y, lo más importante, la falta de mano de obra calificada que pudiera construir, con especificaciones técnicas, los espacios educativos.

A pesar de todo, se cree que el CAPFCE fue responsable de la construcción del 85% de los espacios educativos públicos en México.

En 1950 existían 25 mil escuelas que se incrementaron, en 1990, a 156 mil escuelas; con esto, la matrícula escolar pasó de 3.2 millones (en 1950) a 20.7 millones (en 1990), creciendo 7 veces la población total escolar en un periodo de 40 años. En el libro Pedro Ramírez Vázquez: Imagen y obra escogida, el arquitecto relató en una entrevista que, a la fecha (era 1988) el CAPFCE había construido 150 mil escuelas (El Universal, 2020).

En el informe de acciones del CAPFCE, de 1964, el arquitecto Ramírez Vázquez habló de las obras construidas por el Comité durante ese sexenio de gobierno: 21 mil 815 aulas de enseñanza primaria con la "Aula Casa

Rural Prefabricada" (ver **Figura 7**); 744 aulas, talleres y laboratorios en ciudades del país para la Enseñanza Normal; 725 aulas, laboratorios y talleres para la enseñanza nivel media superior, y 29 Centros de Capacitación para el Trabajo Industrial CECATI. Además, enlistó las escuelas que México construyó fuera del país: 4 en Italia, 2 en Ecuador, 2 en Cuba, 3 en Perú, 46 en Yugoslavia, 2 en Bolivia, 2 en Colombia, 6 en Brasil, 2 en Nicaragua; y envió dos en India, dos en Indonesia y dos en Filipinas. México donó la solución de la escuela rural prefabricada a la UNESCO (El Universal, 2020).

Figura 7. Perspectiva del Aula Casa Rural Prefabricada.

Nota. Con una estructura de perfiles metálicos, diseñados de tal forma que pudieran ser transportados por animales de carga o por 2 personas, este modelo prefabricado de escuela tuvo la peculiaridad de ser autoconstruido por la comunidad, 2024. Reproducido de (https://www.revistalatinafocus.com/la-arquitectura-educativa-de-pedro-ram%C3%ADrez-vazquez). Obra de Dominio Público.

El Comité, a la par del diseño de los espacios educativos, creó un modelo de la escuela que se construía en módulos que era acompañada con un manual llamado "Cartilla de la escuela", que permitía a las comunidades ejecutar la obra. Con una supervisión adecuada y con materiales disponibles en la zona, la población ponía sus manos en la obra y las ejecutaba. Con características como poder utilizar componentes producidos en serie y fuera del sitio de montaje podía reducir el tiempo de ejecución de la obra, así como el transporte de las piezas a predios con accesibilidad comprometida. Por ser prefabricada, el ensamble de la estructura garantizaba tiempos reducidos sin la necesidad de personal calificado (ver **Figura 8**).

Los materiales eran resistentes a las condiciones climáticas de cada lugar, reduciendo los costos por mantenimiento (pudiendo ser obras con muros de concreto, con chapa de lámina galvanizada o con madera tratada) y. partiendo del modelo de diseño de las escuelas de aire libre, eran espacios bien iluminados, buscando una ventilación cruzada en climas cálidos.

Adicionalmente, por ser la comunidad quien ensamblaba las escuelas y les daba mantenimiento, se generó un sentido de pertenencia que antes no existía; al grado de que las escuelas servían de centros comunitarios.

Tan exitoso fue, que este modelo se replicó en América Latina y otros países del mundo. En 1960, su autor, Pedro Ramírez Vázquez, recibió el Gran Premio de la XII Trienal de Milán por este proyecto del "Aula Rural Prefabricada" (El Universal, 2020).

Figura 8. Manual de autoconstrucción, llamado Cartilla de la escuela.

Nota. El aula prefabricada que diseñó CAPFCE para comunidades rurales se acompañaba por un Manual de construcción que permitía a la comunidad ejecutarla en un proceso de autoconstrucción, 2024. Reproducido de (https://www.eluniversal.com.mx/cultura/patrimonio/cuando-arquitectos-mexicanos-crearon-escuelas-de-exportacion/). Obra de Dominio Público.

Con todas estas experiencias, el CAPFCE presentó las bases de la construcción moderna de México, dando paso a la prefabricación de viviendas y hospitales. Antes del CAPFCE, la planeación de las obras no existía y fueron los arquitectos de la época los que tuvieron la visión de realizar un plan de trabajo integral para enfrentar el gran reto de la educación en un país post revolucionario.

Es un programa que acepta el general Manuel Ávila Camacho (presidente entre 1940 y 1946). El CAPFCE se constituye con una ley orgánica, con su presupuesto tripartita: gobierno federal, gobiernos de los estados y sector privado, y estructuralmente está cobijado por la Secretaría de Educación Pública (El Universal, 2020).

Mientras México proponía el modelo de autoconstrucción del "Aula Rural Prefabricada", Estados Unidos implementaba un proyecto que se llamó Alianza para el progreso, que otorgaba dinero a los países latinoamericanos para la construcción de obras públicas y, en particular, escuelas. A partir de esta coincidencia, se crea una oficina que se llama CONESCAL (Centro Regional de Construcciones para América Latina y la región del Caribe), que presidió el arquitecto Pedro Ramírez Vázquez.

Durante muchos años se distribuyeron por el país las estructuras metálicas que se utilizaron para hacer el armazón de las escuelas; cada elemento pesaba menos de 50 kilos para que pudieran ser transportados en burro. Los muros y los techos de las escuelas se construían con materiales locales: adobe, ladrillo, teja y piedra. Pero era muy importante el instructivo y la asesoría técnica. Era una solución pragmática donde se aliaban la tecnología y la construcción artesanal. Lo que se quiso hacer fue la construcción con la participación de la gente, pero la gente no sabía construir y necesitaba asesoría técnica. Con el CAPFCE, se les daban la cartilla y los instrumentos, pero no el dinero; había una coordinación técnica y un plan integral de educación (El Universal, 2020).

A lo largo de 52 años, todos los planteles escolares fueron construidos exclusivamente por el CAPFCE, por medio de las jefaturas de zona que existían en cada entidad federativa. Este organismo atendió gradualmente los Programas de infraestructura física educativa de todo el país, desde el nivel preescolar hasta el nivel superior. Durante los años de 1996 al 2008, el CAPFCE fungió como organismo normativo, de asistencia técnica y financiera para los organismos constructores de escuelas en todo el país (ver **Figura 9**).

Figura 9. La construcción de escuelas CAPFCE en época reciente.

Nota. El CAPFCE diseñó espacios para todos los niveles educativos y propuso estructuras tanto en acero como en concreto, 2024. Reproducido de (https://x.com/SeducEdoMex/status/1219404550429401088). Obra de Dominio Público.

En el año 2008, la presidencia de México emitió la Ley General de la Infraestructura Física Educativa y, con ello, se extinguió el CAPFCE. Como su función principal era la de diseñar espacios educativos que se implementaran en todo el territorio nacional, durante su gestión desarrolló 45 modelos prototipo de escuelas que, en su mayoría, son edificios construidos bajo los requerimientos estructurales vigentes de la época de su edificación, pero lejanos de las actualizaciones de seguridad normativa que se han generado y actualizado a partir de los sismos (ver **Figuras 10 al 15**).

Figura 10. Extracto del Catálogo de estructuras tipo del CAPFCE.

INSTITUTO NACIONAL DE LA INFRAESTRUCTURA FÍSICA EDUCATIVA	
CÁTALOGO DE ESTRUCTURAS TIPO	
TIPOLOGÍA DE CONCRETO	U3C (70 C y D)

DESCRIPCIÓN

Urbana 3 pisos concreto zonas C y D	concreto	Diseño 1970

U3C (70) "Urbana de 3 niveles Concreto (diseño 1970)" Construcción de tres niveles, estructura tipo a base de marcos rígidos de concreto armado, colada "in situ", con claros longitudinales de 3.19 m, un claro de 4.00 m para la escalera y un claro tranversal de 8.00 m. Posterior al año 1985, algunas de ellas se rigidizaron con muros de concreto o contravientos postensados, principalmente en **zonas sísmicas C y D**. La cubierta de azotea es una losa de concreto a dos aguas, con una pendiente del 3%. De entre sus similares se le identifica por las dimensiones de la columna tipo (35x45), por los claros longitudinales de 3.24 m, por la pendiente ligera de la azotea y por la resistencia del concreto f¨c=200 kg/cm2.

GEOMETRÍA

Niveles	Claro Longitudinal	Claro Transversal	Claro Escalera	Altura Libre Cerramiento	Nivel	Volado frontal	Volado posterior	Volados laterales	Material
3	3.24	8.00	4.00	2.50	Entrepiso	2.20	0.00	0.00	Losa de concreto
Apoyo			Sección A	Sección B	Azotea	2.30	2.30	0.60	Losa de concreto
Columnas de concreto armado			0.35	0.45					

Nota. Encabezado de una escuela diseñada y construida por el CAPFCE. En este ejemplo se puede determinar el año de construcción (1970), el número de niveles y la solución estructural de los elementos. Reproducido de la Cámara Mexicana de la Industria de la Construcción (CMIC), 2014 (https://www.cmic.org.mx/comisiones/Sectoriales/educacion/Reuniones/Reuni %C3%B3n_de_Trabajo_CMIC-INIFED/REUNI%C3%93N_06-08-2104/CATALOGO%20DE%20ESTRUCTURAS%20CAPFCE.pdf). Obra de Dominio Público.

Figura 11. Planta tipo de un edificio de 3 niveles, diseñado por el CAPFCE.

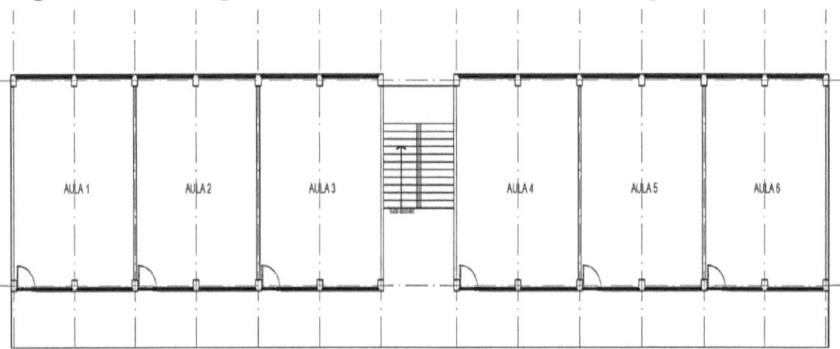

Nota. Planta tipo de un edificio escolar. Estructuralmente son dos edificios unidos por el núcleo de escaleras central, teniendo dimensiones promedio de 3.2m x 8m cada crujía. Reproducido de la Cámara Mexicana de la Industria de la Construcción (CMIC), 2014 (https://www.cmic.org.mx/comisiones /Sectoriales/educacion/Reuniones/Reuni%C3%B3n_de_Trabajo_CMIC-INIFED/REUNI%C3%93N_06-08-2104/CATALOGO%20DE%20 ESTRUCTURAS%20CAPFCE.pdf). Elaboración propia.

Figura 12. Volumetría esquemática de un edificio tipo del CAPFCE.

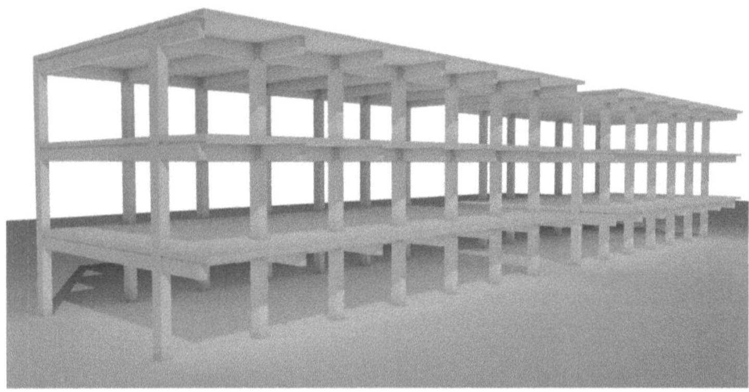

Nota. El volumen principal del edificio de aulas se fracciona en dos cuerpos, teniendo trabes en voladizo en un costado del inmueble que permiten generar una circulación al exterior que permite la conexión superior de las aulas. Reproducido de la Cámara Mexicana de la Industria de la Construcción (CMIC),2014 (https://www.cmic.org.mx/comisiones/Sectoriales/educacion/ Reuniones/Reuni%C3%B3n_de_Trabajo_CMIC-INIFED/REUNI%C3%93N _06-08-2104/CATALOGO%20DE%20ESTRUCTURAS%20CAPFCE.pdf). Elaboración propia.

Figura 13. Volumetría esquemática de un edificio tipo del CAPFCE.

Nota. En la imagen se observa que las dimensiones de las trabes resultan esbeltas para la solución estructural del edificio. Reproducido de la Cámara

Mexicana de la Industria de la Construcción (CMIC), 2014 (https://www.cmic.org.mx/comisiones/Sectoriales/educacion/Reuniones/Reuni %C3%B3n_de_Trabajo_CMIC-INIFED/REUNI%C3%93N_06-08- 2104/CATALOGO%20DE%20ESTRUCTURAS%20CAPFCE.pdf). Elaboración propia.

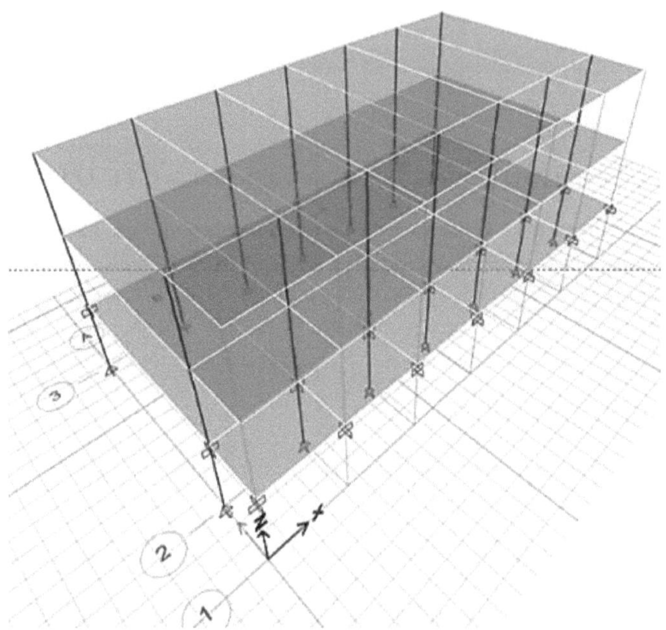

Nota. Trazo del ala izquierda del edificio de aulas presentado en la Figura 12, por medio del software ETABS PRO. Elaboración propia.

Con respecto a edificios prototipo diseñados con estructuras de concreto armado (el tipo de estructura más afectado por los sismos de 1985 y 2017), el Catálogo de estructuras tipo del CAPFCE indica 10 proyectos bajo ese esquema de estructura (ver **Figura 15**).

Figura 15. Características básicas geométricas de edificios prototipo de concreto.

Prototipo	N. de niveles	Dimensión del tablero		Dimensión de columna		Año de construcción
		Ancho (m)	Largo (m)	Ancho (cm)	Largo (cm)	
1	2	3.19	8	25	45	1970
2	2	3.24	8	30	45	1985
3	2	3.24	8	30	45	1990
4	3	3.24	8	35	45	1970
5	3	3.24	8	25	45	1970
6	3	3.24	8	30	45	1985
7	3	3.24	8	30	45	1990
8	1	3.24	8	30	45	1990
9	1	3.24	8	30	45	1985
10	1	3.19	8	25	45	1970

Nota. A pesar de las diferencias de niveles que pueden existir entre los distintos tipos de edificios, las dimensiones de las columnas se mantienen casi constantes. Elaboración propia.

Por esta falta de actualización en solicitaciones estructurales se estima que, posiblemente, la resistencia de los materiales y sus dimensiones estructurales podrían derivar en edificios inseguros que arriesguen a su población inmediata. Tal es la preocupación del gobierno de la ciudad de México de garantizar edificios seguros que, en diciembre de 2017, se publicó la primera Norma Técnica Complementaria (NTC) aplicable a edificios existentes (Instituto para la Seguridad de las Construcciones, 2023, p.1439). Con esto, y de forma inédita, la ciudad de México publicó una norma para edificios con posibilidad de ser rehabilitados o reparados a partir de un diagnóstico estructural que verifique que su comportamiento estructural no compromete la integridad del inmueble, ni de sus ocupantes.

En conclusión, los inmuebles escolares planeados, diseñados y construidos por el CAPFCE cumplieron con las solicitudes normativas vigentes. Sin embargo, será importante establecer los criterios actuales de revisión, que permitan conocer el estado de las construcciones bajo los requerimientos estructurales señalados por la normatividad emitida durante el año 2023 y que, finalmente, se evalúe la posibilidad de implementar sistemas de polímeros (como las fibras de carbono) para incrementar la capacidad de carga y garantizar la continuidad de uso del edificio.

Infraestructura educativa ante un sismo.

La vida útil de los inmuebles depende, en gran medida, de los materiales utilizados y del dimensionamiento de sus elementos portantes que, en conjunto, actúan a favor de la estabilidad estructural. Sin duda, el debilitamiento natural de los edificios provoca su abandono y su derribo, aunque tuvieran un valor histórico o pudieran ser un hito en su contexto.

Principalmente, las estructuras de concreto armado son diseñadas para cumplir ciertos requerimientos arquitectónicos, funcionales y de servicio, durante un período de vida útil; existiendo la posibilidad de que un edificio sufra daños provocados por desastres naturales, o bien por el deterioro de los elementos estructurales por la edad de la construcción o por acciones ajenas al inmueble, pudiendo ser el incremento de cargas, la corrosión del acero estructural, errores en el diseño o una mala ejecución de obra. Este factor de daño es fundamental en los edificios escolares, ya que su deterioro puede ser producido por la edad del edificio y su poca adaptación a los factores normativos vigentes que influyen en su comportamiento ante un sismo.

En México, el sistema educativo está regulado por la Secretaría de Educación Pública (SEP) que, por un proceso de descentralización iniciado en 1992, se apoya en la Administración Federal de Servicios Educativos en el Distrito Federal – ahora ciudad de México- (AFSEDF). A través de esta

Administración se realizó, en el año 2013, un censo de Escuelas, Maestros y Alumnos de la Educación Básica y Especial (CEMABE) que permitió diagnosticar el estado que tenían las instalaciones educativas destinadas al nivel básico.

Entre los puntos más relevantes obtenidos, se indicó que el 23% de los edificios construidos incumplían con las especificaciones técnicas de construcción y de materiales para techos, el 5% incumplió con la especificación de construcción de muros, y el 67% con las de pisos (Escuela Nacional de Educación Pública ENEP, s.f.).

Resulta importante que el 23% de los planteles analizados no cumplieron con las especificaciones técnicas constructivas ya que, acorde con el Reglamento de construcciones del Distrito Federal, los espacios educativos -en todos sus niveles escolares- son clasificados como construcciones de alto riesgo (Grupo A), por la cantidad de pérdidas humanas que podrían provocar en caso de falla o colapso por un sismo o incendio. Además, es un género de edificio que, cada 5 años, debe verificarse en su seguridad estructural; y cada 3 años debe asignarse un visto bueno en seguridad operativa. Si el estado fallido de las construcciones no fue reportado durante sus verificaciones, imposibilitó las reparaciones necesarias para evitar daños a futuro por la presencia de agentes externos (como puede ser un sismo).

Para el Gobierno de la Ciudad de México (2023), este dato resultó importante porque, después del sismo de 2017, la AFSEDF reportó el daño estructural de 2026 escuelas públicas -casi el 38% del total de planteles registrados- (un valor superior al 23% que fue reportado por el censo de CEMABE por el incumplimiento de especificaciones técnicas de construcción). Sin embargo, las escuelas reportadas con daños ligeros y hasta severos superó los 16 mil planteles en todo el país. Con ello, a nivel nacional, los planteles educativos fueron los edificios con más daño estructural provocado por un sismo. Los motivos pueden ser diversos, desde el hecho de que las escuelas tengan menos muros en su interior, que sean espacios grandes para alojar a los estudiantes o que tengan grandes ventanales para aprovechar la iluminación natural que derivó en que los espacios educativos, sin duda, sean más vulnerables para los efectos sísmicos.

Una combinación de factores pudo ser el detonante de la falla de los edificios escolares construidos con concreto. Las deficiencias en su diseño estructural y la falta de refuerzo adecuado los hicieron susceptibles a los efectos sísmicos. En otros casos, la construcción incumplió con las normas de seguridad sísmicas de cada ciudad y de cada reglamento local, sobre todo en las construcciones que antecedieron al sismo de 1985, cuando las normas no eran tan estrictas. Tampoco se puede sobre pasar el hecho de que el suelo tiene un impacto directo en la manera en la que las ondas afectan al edificio. En las zonas donde el suelo es más blando o húmedo (como es el caso de la ciudad de México), las ondas sísmicas se amplifican provocando un mayor daño en las estructuras. Esto es conocido como amplificación sísmica que puede dar pauta a un proceso de licuefacción, en donde el suelo pierde su rigidez debido a las vibraciones sísmicas y puede colapsar edificios que no estén adecuadamente diseñados para resistir estos efectos.

El sismo de 2017 fue un temblor complejo que varió su intensidad dependiendo de la ubicación. Mientras que algunas áreas se experimentaron un movimiento relativamente moderado otras fueron muy afectadas debido a la geografía local. Por ello, los edificios de concreto reaccionaron de manera diferente a las ondas sísmicas generando daños variados en diferentes zonas de la ciudad (ver **Figura 16**).

Figura 16. Censo con total de daños en espacios educativos.

	Total con daño		Daños menores		Reconstrucción parcial		Reconstrucción total	
	27 sept	25 oct	27 sept	25 oct	27 sept	25 oct	27 sept	25 oct
Chiapas	2,364	2,842	2,251	2,077	111	762	2	3
Cd México	978	1,208	837	822	121	378	20	8
Edo. México	3,388	3,645	2,924	1,171	272	2,396	192	78
Guerrero	169	254	105	82	0	111	64	61
Hidalgo	482	415	441	370	36	36	5	9
Michoacán	313	536	187	525	126	11	0	0
Morelos	305	1,540	178	906	110	606	17	28
Oaxaca	2,965	3,476	2,445	2,804	253	646	267	26

Puebla	1,230	1,216	466	1,098	756	56	8	62
Tlaxcala	1,004	1,004	940	942	62	61	2	1
Total	12,931	16,136	10,744	10,797	1,847	5,063	577	276

Nota. Gasto público=100 millones de pesos, 2024. Reproducido de (http://bibliodigitalibd.senado.gob.mx/bitstream/handle/123456789/3764/repo rte_50_221117_web%20%282%29.pdf). Obra de Dominio Público.

En muchos casos, los daños a las escuelas no fueron uniformes y variaban según el tipo de construcción, la ubicación y el grado de exposición al sismo. Por esto, algunas escuelas tenían daños superficiales, mientras que otras presentaron grietas estructurales graves, complicando la toma de decisión y la asignación de recursos. Otro factor importante fue la falta de coordinación entre las autoridades educativas y locales.

La magnitud de la devastación provocada por el sismo de 2017 agotó rápidamente los recursos financieros disponibles enfrentando un proceso de reconstrucción de infraestructura educativa con restricciones presupuestales compitiendo, además, con los recursos destinados a la reconstrucción de vivienda reduciendo, invariablemente, el presupuesto destinado a la reconstrucción escolar.

El proceso de rehabilitación representó grandes periodos de tiempo ya que, después de que ocurre un sismo, se debe realizar una inspección visual del inmueble para establecer los posibles conflictos y fallas estructurales. Si existe una falla visible en el inmueble, se procederá a realizar una inspección numérica y los tiempos establecidos para cada etapa son normados por los reglamentos mexicanos.

Los tiempos de revisión, diseño y construcción del espacio rehabilitado podía oscilar de los 42 meses -3.5 años- a los 78 meses -6.5 años- (ver **Figura 17**). Sin duda, el proceso de reconstrucción de las escuelas de concreto, después del sismo de 2017, fue lento debido a una serie de factores interrelacionados que abarcaron aspectos administrativos, financieros, técnicos, políticos y sociales.

Figura 17. Tiempos límite de las acciones prioritarias (en meses).

Año de construcción	Zona geotécnica	Tiempo para revisión numérica	Tiempo para elaboración de proyecto	Tiempo para ejecución de obra
Antes de 1985	III	6	12	24
	II	6	12	24
	I	12	18	36
Después de 1985	III	12	18	36
	II	18	21	39
	I	18	21	39

Nota. A partir de la norma para rehabilitación de espacios educativos, el Instituto para la Seguridad de las Construcciones ISC publicó los tiempos máximos asignados a cada etapa de la rehabilitación de un edificio dañado por el sismo de 2017, 2024. Reproducido de (https://www.resilienciasismica.unam.mx/docs/Presentaciones/8-Berron-Feb25.pdf). Obra de Dominio Público.

El tiempo destinado al análisis de la mecánica de suelos, el tiempo de revisión numérica para establecer deformaciones matemáticas en las estructuras, la planeación y elaboración del proyecto de rehabilitación y su proceso de construcción resultó en periodos excesivos que retrasaban a la obra, también el regreso a clases y a lo cotidiano del día a día. En ocasiones, para evitar el tiempo que implicaba el proceso de reconstrucción o rehabilitación, se autorizaba la ocupación del inmueble para evitar pérdida de clases.

El 17 de octubre, las autoridades de la Ciudad de México identificaron 537 escuelas en código rojo (teniendo afectaciones mayores), 264 en código ámbar (con afectaciones menores) y otras nueve tendrían que ser reconstruidas totalmente. Además, padres de familia, maestros y directores de planteles de educación preescolar, primaria y secundaria ubicados en las delegaciones Xochimilco, Tláhuac, Iztapalapa, Azcapotzalco y Cuauhtémoc de la ciudad de México, protestaron por la tardanza en el inicio de las reparaciones de los planteles, lo que impide el reinicio de clases. También han denunciado "decenas de casos" de dictámenes modificados "de rojo a verde" ante la presión por reanudar clases. En

Chiapas, padres de familia señalan que existen 762 escuelas con daño estructural, mientras la SEP afirma que solo son dos planteles (Instituto Belisario Domínguez, 2017).

Si el deterioro y falla de los planteles fue por la falta de mantenimiento, el gasto público que el gobierno mexicano asignó para la educación y sus proyectos de infraestructura (ver **Figura 18)** ha disminuido año con año, pasando del 2%, en el año 2013, al 1.6% en el año previo al sismo.

Figura 18. Gasto público asignado para infraestructura educativa.

	Gasto para educación	Gasto en proyectos de infraestructura			
		Modalidad proyectos	Modalidad federalizada	Total	% del gasto de educación
2013	663,757	3,047	10,398	13,445	2.0
2014	688,043	2,511	10,658	13,169	1.9
2015	714,579	1,849	10,502	12,351	1.7
2016	702,921	899	10,674	11,572	1.6

Nota. Gasto público=100 millones de pesos, 2024. Reproducido de (http://bibliodigitalibd.senado.gob.mx/bitstream/handle/123456789/3764/repo rte_50_221117_web%20%282%29.pdf). Obra de Dominio Público.

Por su parte, un sismo genera una aceleración en el suelo que transmite al edificio. A partir de esas aceleraciones originadas por la fuerza sísmica, la norma establece diagnosticar numéricamente cada plantel educativo. El Reglamento de construcciones del Distrito Federal señala que, posterior a un sismo, se realizará una revisión de seguridad de la construcción para establecer el grado de daño sufrido. Las revisiones a los inmuebles educativos comienzan a partir de una aceleración de 30 y hasta 90 gal -o más, dependiendo de la intensidad del sismo-.

Una aceleración de 124 gal podría generar un sismo de magnitud 7. En la **Figura 19** se puede apreciar que, por ejemplo, en la alcaldía de Benito Juárez (N.5), hay una aceleración promedio de sismo de 131 gal para un edificio de grupo B y de 196.5 gal (131 x 1.5 veces) para un edificio de grupo A (el grupo estructural de los planteles educativos).

Por ello, se asume que cualquier sismo superior a 30 gal implicaría revisar todos los edificios escolares y dependería de la calidad de construcción, de los materiales, de la cercanía con grietas en el suelo, de la ubicación y del efecto de hundimiento regional, del grado de mantenimiento y conservación para que un edificio escolar sea capaz de resistir un sismo, evaluando el verdadero riesgo sísmico al que están expuestos los edificios en la ciudad de México.

Figura 19. Aceleración máxima en roca (gal).

N.	Población	Longitud	Latitud	Aceleración (Gal)
1	Acapulco, Gro.	-99.88	16.86	448.50
2	Aguascalientes, Ags.	-102.29	21.88	49.90
3	Álvaro Obregón, CDMX	-99.21	19.38	131.32
4	Azcapotzalco, CDMX	-99.19	19.49	124.08
5	Benito Juárez, CDMX	-99.16	19.38	131.29
6	Buenavista de Cuellar, Gro.	-99.41	18.46	180.78
7	Campeche, Camp.	-90.52	19.84	32.00
8	Cancún, Q.R.	-86.86	21.16	32.00
9	Celaya, Gto.	-100.81	20.53	84.85
10	Chalco, Mex.	-98.90	19.26	138.99
11	Chetumal, Q.R.	-88.30	18.50	39.11
12	Chicoloapan, Mex.	-98.91	19.39	130.38
13	Chihuahua, Chih.	-106.07	28.63	50.45
14	Chilpancingo, Gro.	-99.50	17.55	264.85
15	Chimalhuacán, Mex.	-98.96	19.43	127.77
16	Ciudad Acuña, Coah.	-100.95	29.32	44.53
17	Ciudad Apodaca, N.L.	-100.19	25.78	44.60
18	Ciudad del Carmen, Camp.	-91.86	18.61	66.52

19	General Escobedo, N.L.	-100.35	25.80	44.57
21	López Mateos, Mex	-99.24	19.55	120.68
22	Ciudad Madero, Tamps.	-97.84	22.25	44.75

Nota. Todos los valores indicados en la columna de la aceleración son para edificios del Grupo estructural B. En la figura se puede apreciar, desde el numeral 3 al 5, que la aceleración que podría tener un sismo en la ciudad de México podría alcanzar un valor de hasta 131 gal, 2024. Reproducido de (https://www.gob.mx/cms/uploads/attachment/file/104639/nmx-r-079-scfi-2015.pdf). Obra de Dominio Público.

El otro factor de falla en los edificios escolares es el año de su construcción, ya que esto influye en la resistencia de los materiales empleados y los efectos de sobrecarga que sufre un edificio durante un sismo.

De acuerdo con la normatividad vigente, un edificio que haya sido construido antes de 1987 podría tener menos resistencia a la compresión, comparado con un edificio de fecha posterior. Dicho en otras palabras, los sobrepesos que hoy se aplican al análisis de los edificios podrían ser excesivos para construcciones con mayor edad, debilitando al sistema estructural en menor tiempo (ver **Figura 20**).

Figura 20. Valores históricos de compresión del concreto f'c en Mpa (kg/cm²).

Época	Cimentaciones	Vigas	Losas	Columnas	Muros
1900-1987	20 (200)	20 (200)	20 (200)	20 (200)	20 (200)
1987-fecha	25 (250)	25 (250)	25 (250)	25 (250)	25 (250)

Nota. En construcciones anteriores a 1987 se pueden tener resistencias menores a compresión en las piezas diseñadas en concreto armado. Para edificios posteriores a 1987, la resistencia mínima estructural será de 250 kg/cm², 2024. Reproducido de (https://www.obras.cdmx.gob.mx/storage/app/media/Normas%20tecnicas/NTC-2023.pdf). Obra de Dominio Público.

El año de construcción de los planteles escolares resulta decisivo para entender su comportamiento durante y después de un sismo. Analizando los edificios escolares construidos por el CAPFCE, se puede establecer que fueron construidos entre los años 70s a los 90s. Por lo que resulta importante determinar si los edificios construidos antes de 1987, como lo establece la norma mexicana, son capaces de soportar los pesos actuantes vigentes y si el comportamiento estructural se mantiene íntegro durante la transmisión de pesos al sistema de cimentación. De lo contrario, se podría exceder la capacidad de carga y conducir a la estructura a un estado de falla (ver **Figura 21**).

Figura 21. Características de las escuelas (en concreto) diseñadas por el CAPFCE.

Prototipo	N. de niveles	Dimensión del tablero		Dimensión de columna		Año de construcción
		Ancho (m)	Largo (m)	Ancho (cm)	Largo (cm)	
1	2	3.19	8	25	45	1970
2	2	3.24	8	30	45	1985
3	2	3.24	8	30	45	1990
4	3	3.24	8	35	45	1970
5	3	3.24	8	25	45	1970
6	3	3.24	8	30	45	1985
7	3	3.24	8	30	45	1990
8	1	3.24	8	30	45	1990
9	1	3.24	8	30	45	1985
10	1	3.19	8	25	45	1970

Nota. Los edificios con estructura de concreto se construyeron desde la década de los 70s y hasta los 90s. Elaboración propia.

De los 10 edificios prototipos construidos por el CAPFCE durante 20 años, sólo 3 prototipos son posteriores a 1987, de acuerdo con lo señalado en la Figura 23. Por lo que si existe un riesgo en la mayoría de los edificios escolares de un comportamiento anómalo durante un sismo por no cumplir con los factores de carga vigente.

Finalmente, otro factor importante, aunque ajeno a los edificios, es la resiliencia social. México es un país que, por su ubicación, se enfrenta a grandes catástrofes naturales por su intensa actividad sísmica y volcánica. Por esta razón, los planes de protección civil son necesarios en edificios de alto riesgo. Para el año 2016, el CEMABE detectó que un poco más del 52% de los inmuebles no contaban con un plan de protección civil. Es decir, los planteles escolares no disminuían los factores de riesgo que afectan la integridad física de la comunidad escolar; y a nivel nacional, sólo un 38% de los planteles contaban con un comité de protección civil y emergencia escolar (Instituto Belisario Domínguez, 2017).

El 50% de las escuelas, a nivel nacional, carecían de planes de contingencia ante desastres naturales que son básicos en el comportamiento de los usuarios ante un desalojo por emergencia. También es importante indicar que en el 2017 (el mismo año del sismo), no hubo participación gubernamental en la prevención de desastres en los 3 niveles de educación básica (ver **Figura 22**).

Figura 22. Protección civil en educación básica.

Tema	Planes de estudios								
	1992	1993		2011			2017		
	Preesc	Prim	Sec	Preesc	Prim	Sec	Preesc	Prim	Sec
Riegos									
Fenómenos naturales									
Medidas de seguridad									
Organización ciudadana									

Participación de gobierno					▓				
Prevención		▓	▓			▓		▓	▓
Simulacros		▓						▓	

Nota. Según lo que se indica en la tabla, el nivel de protección civil en la educación básica fue disminuyendo conforme se iba acercando la fecha del sismo en México, 2024. Reproducido de (http://bibliodigitalibd.senado.gob.mx/bitstream/handle/123456789/3764/reporte_50_221117_web%20%282%29.pdf). Obra de Dominio Público.

Para los edificios de concreto con un proceso de construcción anterior a 1987, con una dimensión de columnas de 30x45cm y hasta 3 niveles, la capacidad de carga de cada columna será equivalente a *69 t*, considerando la resistencia de concreto indicada en la Figura 20 (ver **Figura 23**).

Figura 23. Resistencia máxima a la compresión en columnas anteriores a 1987.

Porcentaje de área mínima de acero (%)			
f'c	200		
Fy	4200		
As mínimo	0.002357023	**Resistencia máxima de columna (en Kg)**	
		Ancho de columna	30
Sección balanceada mínima de acero (%)		Largo de columna	45
pb	0.000404061	R max	**69,076.58**

Nota. A partir de una resistencia de concreto de 200 kg/cm² y una resistencia del acero de 4,200 kg/cm² se realizó el análisis de resistencia máxima a la compresión de la columna. Elaboración propia.

Para los edificios de concreto con un proceso de construcción posterior a 1987, con una dimensión de columnas de 30x45cm y hasta 3 niveles, la capacidad de carga de cada columna será equivalente a *85 t*, considerando la resistencia de concreto indicada en la Figura 21 (ver **Figura 24**).

Figura 24. Resistencia máxima a la compresión en columnas posteriores a 1987.

Porcentaje de área mínima de acero (%)			
f'c	200		
Fy	4200		
As mínimo	0.002357023	**Resistencia máxima de columna (en Kg)**	
		Ancho de columna	30
Sección balanceada mínima de acero (%)		Largo de columna	45
pb	0.000404061	R max	**85,781.36**

Nota. A partir de una resistencia de concreto de 250 kg/cm² y una resistencia del acero de 4,200 kg/cm² se realizó el análisis de resistencia máxima a la compresión de la columna. Elaboración propia.

Sin embargo, el problema detectado en esta tipología estructural de edificios es que, a partir de un análisis de pesos aplicados a cada columna del edificio, la carga aplicada a cada columna es de casi *73 t*, considerando el análisis de pesos y los factores de carga (equivalente a 1.1) señalado en el Reglamento de construcciones de 1966; lo que podría suponer que los edificios construidos antes de 1987 estaban en el límite de la capacidad de carga (ver **Figura 25**).

Figura 25. Carga aplicada a cada columna, en edificios anteriores a 1987.

Elemento estructural	Peso total del elemento (Kg)	N. de elementos	Peso total aplicado (Kg)
Losa de concreto	7,499.95	3	22,499.86
Impermeabilizante	104.17	1	104.17
Trabes de concreto	2,070.72	3	6,212.16
Muro vitrificado	5,863.65	3	17,590.95
Columnas	1,004.40	3	3,013.20

			49,420.33
Carga viva azotea	2,083.32	1	2,083.32
Carga viva entrepiso	7,291.62	2	14,583.24
Peso total de superficie tributaria			66,086.89
Factor de sobre carga (Reglamento de 1996, equivalente a 1.1)			72,695.58

Nota. El análisis de pesos considera una superficie de área tributaria aplicada a cada columna de $21m^2$ y un factor de carga de 1.1. Elaboración propia.

Y, finalmente, para un análisis de pesos a partir de la normatividad vigente de la ciudad de México, la carga aplicada a cada columna excede las *100 t*, considerando que la estructura de concreto, bajo los requerimientos actuales normativos, debería ser reforzada para ser sometida a las interacciones vigentes de cargas (ver **Figura 26**).

Figura 26. Carga aplicada, bajo la norma vigente de la ciudad de México.

Elemento estructural	Peso total del elemento (Kg)	N. de elementos	Peso total aplicado (Kg)
Losa de concreto	7,499.95	3	22,499.86
Impermeabilizante	104.17	1	104.17
Trabes de concreto	2,070.72	3	6,212.16
Muro vitrificado	5,863.65	3	17,590.95
Columnas	1,004.40	3	3,013.20
			49,420.33
Carga viva azotea	2,083.32	1	2,083.32
Carga viva entrepiso	7,291.62	2	14,583.24
Peso total de superficie tributaria			66,086.89
Factor de sobre carga (Reglamento de 2017, equivalente a 1.5 para carga muerta y 1.7 para carga viva)			102,046.99

Nota. Conservándose los mismos datos y pesos, los factores de carga para peso muerto (1.5) y peso vivo (1.7) generan la gran diferencia entre valores resultantes. Sin embargo, dichos factores de carga están vigentes en la ciudad de México desde diciembre de 2017 cuando se publicaron las normas de emergencia, posteriores al sismo de septiembre. Elaboración propia.

Fibra de carbono como recurso estructural de reforzamiento.

La vida útil de los inmuebles depende, en gran medida, de los materiales utilizados, de las dimensiones de los elementos estructurales y de su región sísmica. Sin duda, el debilitamiento natural de los edificios provoca su abandono y demolición posterior, aunque posean un valor histórico o sean un hito en su contexto.

Entonces, hablando de reforzamiento de estructuras, existen diferentes métodos que tienen como fin la preservación de los inmuebles y la memoria colectiva de un lugar. Pero en época reciente, el reforzamiento con fibras de carbono ha tenido un auge por diversos factores, ya que no incrementa significativamente el peso de la construcción y tampoco incrementa el tamaño de los elementos intervenidos.

Lo importante, en este aspecto, es determinar que el empleo de fibras de carbono lograr reforzamientos efectivos en la estructura sin incrementar secciones o incrementar peso muerto a un edificio que, posiblemente, muestre síntomas de fatiga estructural.

Las fibras de carbono comenzaron a desarrollarse a mediados del siglo XX y su uso en la construcción, en las naves espaciales y en los automóviles sólo recientemente ha ganado popularidad, dado que el carbono tiene una pureza hasta un nivel del 99% y aquella pureza le permite ser 10 veces más resistente que el acero. En la década de 1960, investigadores descubrieron cómo producir fibras de carbono utilizando polímeros como el poliacrilonitrilo (PAN). A medida que la tecnología avanzaba, comenzaron a surgir aplicaciones más amplias, incluida la ingeniería civil.

A finales de la década de los 80s y principios de los 90s, las fibras de carbono comenzaron a aplicarse en la construcción, principalmente para reforzar estructuras existentes. En este período, su uso se centró en:

- Rehabilitación de puentes: Las fibras de carbono se emplearon para reparar vigas y pilares, especialmente en áreas propensas a terremotos.

- Refuerzo de edificios históricos: Gracias a su ligereza y adaptabilidad, eran ideales para preservar estructuras antiguas sin añadir peso significativo (ver **Figura 27**).

Figura 27. Reforzamiento de viguetas en una losa de concreto armado.

Nota. Reforzamiento de viguetas de concreto armado por medio de fibra de carbono, en la unión con trabes principales para la disminución de los efectos de torsión en la losa. 2024. Reproducido de (https://itecval.com/refuerzos-estructurales-con-fibra-de-carbono/). Obra de Dominio Público.

La introducción de polímeros reforzados con fibra de carbono (CFRP) marcó un punto de inflexión. Estos materiales combinan fibras de carbono con resinas epóxicas u otros polímeros, creando láminas, barras o mallas que pueden integrarse fácilmente en estructuras de hormigón, acero o madera; incrementando, significativamente, la resistencia de los materiales.

Las principales ventajas de las fibras de carbono son:

- Alta resistencia a la tracción.

- Resistencia a la corrosión.

- Facilidad de instalación.

- Durabilidad incluso en entornos adversos.

A partir del año 2000, el uso de fibras de carbono se expandió rápidamente. Esto se debe a que, a principios del siglo XXI, hubo mejoras significativas en los procesos de fabricación de las fibras de carbono, como el uso de precursores más económicos y la optimización de los hornos de carbonización. Además, el desarrollo de polímeros reforzados con fibra de carbono produjo un material más fácil de aplicar en las construcciones y con mayor adaptación en las necesidades estructurales de las obras.

Para 1990, la industria de la construcción realizó numerosos estudios que demostraron la eficacia de las fibras de carbono para la rehabilitación de los edificios y para el mejoramiento de respuesta de un edifico ante un sismo. A partir de ello, se publicaron algunas fichas técnicas que permitían entender al material y su adopción como un recurso de construcción y de rehabilitación de estructuras dañadas o con poca capacidad de carga antes las solicitaciones actuales.

Algunos eventos sísmicos como el de Kobe (en 1995) detonaron la inversión para la investigación de las fibras de carbono y su mejoramiento en la capacidad estructural de edificios en zonas de alto riesgo (ver **Figura 28**).

Figura 28. Imagen del sismo de 1995 en Kobe, Japón.

A partir del año 2000, aumentó la demanda de rascacielos y estructuras arquitectónicas innovadoras que requerían materiales avanzados como las fibras de carbono para soportar las tensiones y cargas específicas, sin incrementar el peso muerto de los edificios. Un dato importante será que, aunque las fibras de carbono no son intrínsecamente sostenibles, su larga vida útil y capacidad para reducir el peso estructural contribuyen a proyectos con menor impacto ambiental.

Las fibras de carbono siguen siendo costosas pero la relación costo-beneficio mejoró con el tiempo debido a una mayor demanda, que incentivó la producción masiva, por una comparación favorable frente al costo de reconstrucción completa de estructuras dañadas y por los ahorros en la mano de obra y reducción en su tiempo de ejecución o aplicación en la rehabilitación de estructuras, gracias a su facilidad de aplicación.

El sector aeroespacial y automotriz, que había liderado el uso de fibras de carbono, impulsó avances que fueron adaptados por la construcción. Las sinergias tecnológicas permitieron que las fibras de carbono fueran más accesibles y confiables para proyectos civiles. En resumen, la combinación de avances técnicos, una mayor necesidad de rehabilitación estructural, y la presión por diseños modernos y eficientes impulsaron la adopción más amplia de las fibras de carbono en edificios después del año 2000.

Su uso en construcción se ha extendido a diversos factores de una obra, como son:

- Refuerzo sísmico: En regiones con alta actividad tectónica, se utilizan para fortalecer columnas, muros y vigas, mejorando la capacidad de la estructura para resistir terremotos.
- Rehabilitación de edificios dañados: Las fibras de carbono permiten reparar daños estructurales sin necesidad de demoler o reconstruir.

- Construcción de rascacielos: Se usan para aligerar estructuras y mejorar la resistencia en zonas de gran altura, donde las cargas de viento son significativas.
- Diseño arquitectónico avanzado: Gracias a su flexibilidad y resistencia, permiten formas innovadoras y estructuras más esbeltas.

El futuro apunta hacia un mayor uso de fibras de carbono en edificios inteligentes y sostenibles, donde su ligereza, resistencia y durabilidad sean esenciales para cumplir con los estándares modernos de eficiencia y resiliencia.

Muchas estructuras necesitan una intervención para restablecer su capacidad de carga tras llegar al final de su vida útil o sufrir un evento catastrófico. El objetivo es crear seguridad para que la estructura pueda soportar cualquier demanda de resistencia excepcionalmente alta que pueda generarse. La fibra de carbono ofrece excelentes características para la asimilación de esfuerzos y no es particularmente vulnerable a los ataques externos, lo que la convierte en un método muy contemporáneo y útil para restaurar la capacidad de una estructura.

Las estructuras de concreto armado son diseñadas para cumplir ciertos requerimientos arquitectónicos, funcionales y de servicio, durante un período de tiempo sin que se generen gastos no previstos por reparación. Sin embargo, debido a la exposición de las estructuras a agentes climáticos, estas sufren deterioros inesperados antes del cumplimiento de su vida útil. Dentro de la disciplina de la ingeniería estructural, la evaluación de edificios es un tema de gran importancia en la actualidad. Debido al alto crecimiento de la industria de la construcción en las últimas décadas, daños provocados por desastres naturales, deterioro de los elementos estructurales, posibles incrementos de cargas, corrosión del acero estructural y errores en diseño o construcción. La evaluación estructural tiene como objetivo dar un diagnóstico confiable del estado en el cual se encuentra actualmente la estructura evaluada (Maldonado y Durán, 2013, p. 12).

En el artículo científico "Uso de telas poliméricas reforzadas con fibras (FRP) para la rehabilitación y refuerzo de infraestructura y edificaciones", se presentan resultados en la rehabilitación sísmica de edificios de varios pisos, en la rehabilitación de tuberías de gran diámetro y en puentes. Y llegan a la conclusión que "existen guías de diseño relativamente completas para el diseño de sistemas de refuerzo a base de FRP, las cuales se fundamentan en criterios bien establecidos del diseño de elementos de concreto reforzado" (Vilca, 2017, p.11). Así mismo, los proyectos concluidos de rehabilitación permiten constatar que dichos sistemas presentan importantes ventajas sobre los métodos de rehabilitación más tradicionales (ver **Figura 29**).

Figura 29. Refuerzo de una columna por medio de placas de acero.

Nota. El reforzamiento de columnas con placas de acero es un método tradicional que puede incrementar la dimensión de la columna y el peso muerto en un edificio. Reproducido de (https://x.com/GeotechTips/status/710473605944098816?mx=2). Obra de Dominio Público.

Para las normas constructivas de emergencia que se publicaron en diciembre de 2017, en particular la Norma Técnica Complementaria para la evaluación y rehabilitación estructural de edificios existentes, el empleo de fibra de carbono está autorizado para el refuerzo de comportamiento sísmico de los edificios, con la condición de que sea un comportamiento monolítico; es decir que, en el análisis numérico, el comportamiento de una sección de la estructura deberá ser compuesta por la pieza de concreto y el encamisado de CPRF (fibra de carbono), debiendo existir un contacto completo entre la fibra y la pieza de concreto. Además, se considera que el refuerzo de fibra de carbono tendrá la finalidad de incrementar su capacidad de carga axial y se debe desestimar la posible rigidez que la fibra le aporte a la pieza de concreto (ISC, 2023).

Una de las consideraciones geométricas que solicita la norma de la ciudad de México es la de redondear las esquinas de las secciones estructurales rectangulares. El diámetro del redondeo será de 25.4mm (1 pulgada), con el fin de no dañar la superficie de la fibra y evitar desgarramiento que disminuya la resistencia del material. En el mismo tema, la geometría de las piezas, las fibras sólo se podrán colocar en secciones rectangulares que no rebasen una proporción de 1 x 1.5; por ejemplo: 30 x 45cm, 60 x 90cm, etc. (ver **Figura 30**).

Figura 30. Proporción de elementos de concreto para ser reforzados con CPRF.

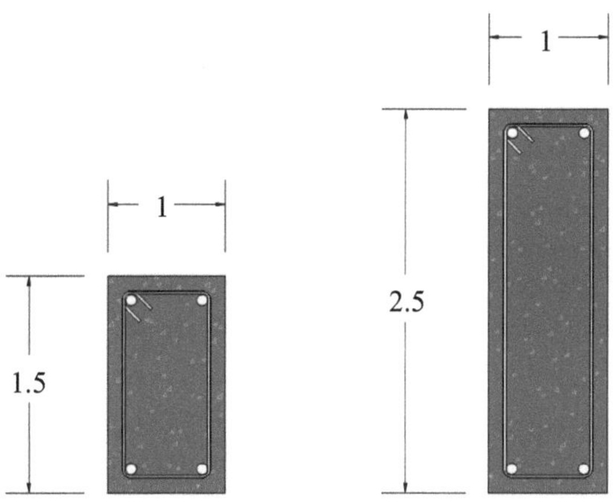

Nota. El elemento de concreto del lado izquierdo posee una proporción geométrica 1 x 1.5, con una dimensión de 20x30cm, lo que si puede ser reforzada con fibra de carbono. En el elemento del lado derecho se tiene una proporción 1 x 2.5, con una dimensión de 20x50cm. Esta pieza no es recomendable reforzarla con fibra de carbono ya que podría existir una falla por tracción en la pieza. Elaboración propia.

Otra restricción en las piezas reforzadas con fibra de carbono es que nunca deben ser mayores a 900 mm de longitud; y esto se debe a ciertas consideraciones:

- Las fibras de carbono son extremadamente resistentes a la tracción, pero no tienen un buen desempeño bajo compresión. En elementos estructurales muy grandes como columnas o vigas las cargas de compresión son significativas y pueden superar la capacidad del material. En elementos grandes las fibras de carbono pueden volverse vulnerables al pandeo lateral, especialmente si no están adecuadamente soportadas o confinadas.
- La instalación de laminados o tejidos de fibra de carbono en elementos superiores a los 900 mm requiere uniones o empalmes que podrían debilitar la efectividad del material.
- Las fibras de carbono suelen instalarse empleando resinas epóxicas que le permiten la adherencia a la superficie. En elementos de grandes dimensiones resulta difícil garantizar un curado uniforme de la resina por posibles variaciones de temperatura, de humedad ambiental o por el tiempo de aplicación.

Ante la solicitación de cargas constructivas actualizadas, se hace necesario el reforzamiento de los edificios por métodos rápidos que devuelvan la integridad al inmueble y su reutilización por lo que se puede optar por un reforzamiento con fibras de carbono en sustitución de los encamisados de concreto (que son más lentos).

Ante esta condición estructural (incumplir con la capacidad de carga en las columnas), se revisó la propuesta de adicionar fibras de carbono en forma de pletinas bajo las especificaciones de la marca SIKA Carbodur® (quien es el principal proveedor de fibra de carbono en México), para incrementar el área de acero a tensión y reformular la capacidad de carga del elemento a partir del dato técnico de la capacidad a tensión de la fibra, equivalente a 36 mil kg/cm², según se indica en el extracto de la ficha técnica del elemento (ver **Figura 31**), (SIKA, 2022).

Figura 31. Características constructivas de fibras de carbono SIKA Carbodur®

Información técnica®	
	Valor medio
Resistencia a tracción	Valor mínimo
del laminado	5% valor fractil
	95% valor fractil
	Valores declarados en la dirección longitudinal de las fibras de carbono

Nota. Los valores indicados para resistencia a tracción de las pletinas de fibra de carbono oscilan entre 28 mil y hasta 36 mil kg/cm². Para el análisis, se optó por el valor menor indicado en la ficha técnica, equivalente a 28 mil kg/cm² para obtener un resultado conservador durante el proceso de cálculo. Reproducido de "Sika® CarboDur® S (Ficha técnica)," SIKA, 2022 (https://mex.sika.com/es/construccion/reparacion-y-reforzamiento/reforzamiento-estructuralfibrasdecarbono/sika-carbodur-s.html). Obra de Dominio Público.

Es importante destacar que la resistencia de la fibra de carbono oscila entre los 28 mil y los 36 mil kg/cm². Si se compara su resistencia contra el acero de refuerzo de una pieza de concreto convencional, con varillas de acero grado 42, el reforzamiento con fibras de carbono puede aportar a la pieza analizada un incremento de casi 10 veces su resistencia original. Además, el incremento de la capacidad de carga de los elementos portantes (columnas) se puede ver potencializado por el número de pletinas (tiras) de fibra de carbono utilizadas y los espesores estandarizados empleados, incrementando la capacidad original del edificio sin aumentar excesivamente las dimensiones de los elementos estructurales originales (ver **Figura 32**).

Figura 32. Aplicación de pletinas de fibra de carbono en el refuerzo de una trabe.

Nota. Reforzamiento de una trabe de concreto armado con pletinas (tiras) de fibra de carbono, 2022 (https://www.argeinsaat.com.tr/hizmet/yap%C4%B1-kimyasallar%C4%B1). Obra de Dominio Público.

Por todo esto, se cree que los inmuebles escolares planeados, diseñados y construidos por el CAPFCE cumplieron con las solicitudes normativas de su época de construcción. Sin embargo, será importante establecer los criterios actuales de revisión, que permitan conocer el estado de las construcciones bajo los requerimientos estructurales señalados por la normatividad emitida durante el año 2023 y que, finalmente, se evalúe la posibilidad de implementar sistemas de polímeros (como las fibras de carbono) para incrementar la capacidad de carga y garantizar la continuidad de uso del edificio.

Rehabilitación con fibras de carbono.

Los edificios diseñados y construidos por el CAPFCE son inmuebles que, antes del 2017, resultaban seguros ante las combinaciones de esfuerzos estructurales. Pero hoy, con la actualización de la norma sísmica y los factores de carga, corren el riesgo de ser edificios inseguros por su falta de resistencia.

Ante la solicitación de sobrecargas constructivas actualizadas, se hace necesario el reforzamiento de los edificios por métodos rápidos que devuelvan la integridad al inmueble y su reutilización, por lo que se puede optar por un reforzamiento con fibras de carbono en sustitución de los encamisados de concreto y placas de acero que son más lentos en su proceso de ejecución.

El incremento de la capacidad de carga de los elementos portantes (columnas) se puede ver potencializado por el número de pletinas (tiras) de fibra de carbono utilizadas y los espesores estandarizados empleados, incrementando la capacidad de carga original del edificio, sin aumentar excesivamente las dimensiones de los elementos estructurales originales.

Es importante destacar que la resistencia de la fibra de carbono oscila entre los 28 mil y los 36 mil kg/cm². Si se compara su resistencia contra el acero de refuerzo de una pieza de concreto convencional, con varillas de acero grado 42, el reforzamiento con fibras de carbono puede aportar a la pieza analizada un incremento de casi 10 veces su resistencia original.

Revisando el estado actual de los edificios escolares, se determina que la relación existente entre el peso transmitido por el edificio y la capacidad de carga de las columnas no compromete la integridad de ninguno de los inmuebles. Pero habrá que destacar que, en dicha revisión, el factor de carga considerado fue el que indicaba el Reglamento de construcciones para el Distrito Federal de 1966, con un valor de 1.1 (siendo el factor de carga con el que se diseñaron las estructuras de los edificios previos al sismo de 1985), (ver **Figuras 33 y 34**).

Figura 33. Peso aplicado y peso resistido por cada columna (previo al sismo de 1985).

Prototipo de concreto	Ancho (cm)	Largo (cm)	Año de construcción	N. de niveles	Peso aplicado en columna (Kg)	Peso resistido en columna (Kg)
1	25	45	1970	2	46,592.00	57,563.00
2	30	45	1985	2	46,952.00	69,076.00
3	30	45	1990	2	46,592.00	85,761.00
4	35	45	1970	3	72,695.00	80,579.00
5	25	45	1970	3	72,695.00	57,563.00
6	30	45	1985	3	72,695.00	69,076.00
7	30	45	1990	3	72,695.00	85,761.00
8	30	45	1990	1	12,933.00	85,761.00
9	30	45	1985	1	12,933.00	69,076.00
10	25	45	1970	1	12,933.00	57,563.00

Nota. En esta figura se indican los 10 edificios prototipo que fueron construidos con concreto armado, el peso que se estima aplicado por cada columna (considerando una superficie tributaria similar en todos los casos, de 21m² cada una) y, a partir de las resistencias del concreto indicadas en la Figura 23 y de las secciones de cada columna, la resistencia o carga máxima que puede ser aplicada a cada columna. En todos los prototipos, la capacidad de carga de las columnas es superior al peso que transmite el edificio. Elaboración propia.

Figura 34. Deformaciones en el edificio analizado (previo al sismo de 1985).

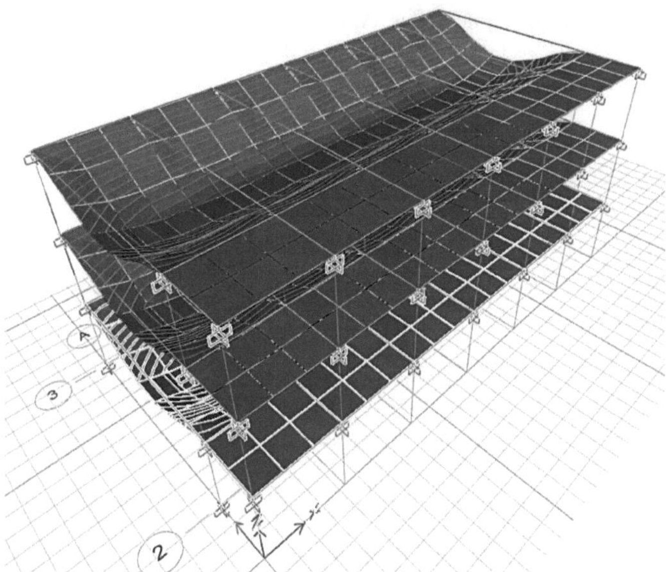

Nota. El edificio presenta deformaciones estructurales moderadas, sin falla en sus elementos portantes (columnas y trabes). Elaboración propia.

Un aspecto importante por considerar entre las diferencias de pesos que existen entre la norma anterior y la vigente es el peso vivo aplicado al inmueble. En 1966 se estimaba una carga de 250 kg/m² para edificios escolares (con área tributaria de 13 a 23m²) y, ahora, se actualiza a un valor de 350 kg/m². El otro aspecto, es que se corrige el factor de carga de los edificios. En la Norma vigente sobre criterios y acciones para el diseño estructural de las edificaciones, se indica- en el apartado 3.4.1. que los factores de carga por aplicar en las construcciones serán los siguientes:

- 1.5 para las cargas permanentes o muertas (peso del edificio)
- 1.7 para las cargas variables o vivas (usuarios y mobiliarios)

Estos valores serán aplicados para edificios que pertenezcan al llamado Grupo A estructural, que corresponde con edificios destinados a actividades que reúnen grandes cantidades de personas, como auditorios, teatros, escuelas, hospitales y centros comerciales. Aplicando los nuevos factores de carga que cualquier edificio en la ciudad de México debe resistir, tenemos lo indicado en la **Figura 35**:

Figura 35. Peso aplicado y peso resistido por cada columna (norma vigente 2023).

Prototipo de concreto	Ancho (cm)	Largo (cm)	Año de construcción	N. de niveles	Peso aplicado en columna (Kg)	Peso resistido en columna (Kg)
1	25	45	1970	2	64,993.00	57,563.00
2	30	45	1985	2	64,993.00	69,076.00
3	30	45	1990	2	64,993.00	85,761.00
4	35	45	1970	3	102,046.00	80,579.00
5	25	45	1970	3	102,046.00	57,563.00
6	30	45	1985	3	102,046.00	69,076.00
7	30	45	1990	3	102,046.00	85,761.00
8	30	45	1990	1	17,635.00	85,761.00
9	30	45	1985	1	17,635.00	69,076.00
10	25	45	1970	1	17,635.00	57,563.00

Nota. En esta figura se observa que solo los edificios con una sola planta y algunos de 2 niveles conservan, numéricamente, la integridad estructural y su capacidad de respuesta ante las cargas aplicadas. Los edificios de 2 y 3 niveles son rebasados por los nuevos factores de carga aplicables en la ciudad de México. Elaboración propia.

De los 10 edificios prototipos del CAPFCE, solamente los inmuebles que fueron construidos en un solo nivel y hasta 2 niveles -algunos casos- (que equivalen a 5 prototipos) conservan una respuesta estructural adecuada ante los efectos de cargas aplicadas. Los otros 5 prototipos (construidos en 2 o 3 niveles) son los que resultan comprometidos por el peso de la construcción (que sigue siendo el mismo peso que ya transmitían desde su origen pero que, con la aplicación de los nuevos factores de carga, se incrementa el peso aplicable a la estructura), ya que se rebasa la capacidad de carga de los inmuebles (ver **Figura 36**).

Figura 36. Deformaciones en el edificio analizado (norma vigente).

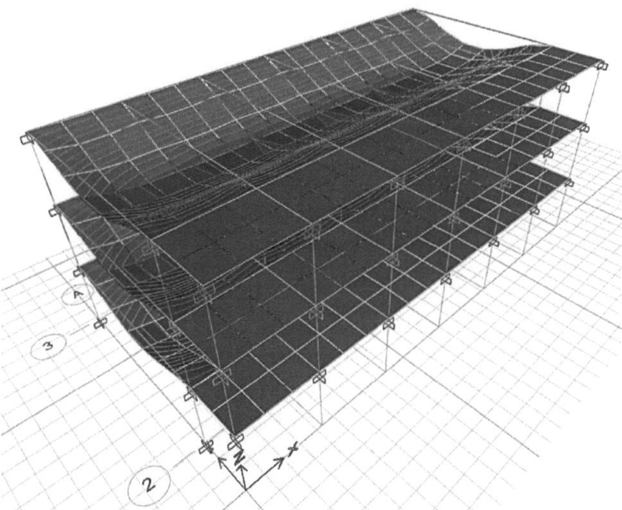

Nota. El edificio presenta deformaciones estructurales mayores, incluyendo al sistema de losas. Elaboración propia.

Por lo tanto, se realiza una revisión que proponga un reforzamiento con pletinas de fibras de carbono para incrementar la resistencia de las columnas. Para este análisis, se estimó el empleo de la pletina más básica del catálogo de fibras de carbono de **SIKA Carbodur®**, que equivale a una tira de fibra de 5cm de ancho y 1.2mm de espesor, de acuerdo con la información obtenida de la ficha técnica del material (ver **Figura 37**).

Figura 37. Especificaciones de la fibra de carbono (dimensiones) SIKA Carbodur®

Sika Carbodur S	Ancho disponible	Espesor	Área de la sección transversal
S512	5cm	1.2mm	0.60 cm²
S626	6cm	2.6mm	1.56 cm²
S1012	10cm	1.2mm	1.20 cm²

Nota. Utilizando una resistencia conservadora de 28 mil kg/cm² en la fibra de carbono se podrían obtener incrementos de resistencias de hasta 33,600 kg/cm² en los elementos portantes, mejorando la capacidad de carga axial de las columnas. Reproducido de "Sika® CarboDur® S (Ficha técnica)," SIKA, 2022 (https://mex.sika.com/es/construccion/reparacion-y reforzamiento/reforzamiento-estructuralfibrasdecarbono/sika-carbodur-s.html). Obra de Dominio Público.

Prototipo 1.

Análisis de pletinas para incrementar una resistencia de 57,563 kg a 64,993 kg

			N. de pletina	Incremento de resistencia (Kg)	Resistencia final de columna (Kg)
Peso aplicado en columna (Kg)	57,563.00	Modelo Sika Carbodur ®	1	13,440.00	71,003.00
		S512	2	26,880.00	84,443.00
Peso resistido en columna (Kg)	102,046.00	Ancho de pletina (cm)	Espesor (mm)	3	40,320.00	97,883.00
		5	0.12	4	53,760.00	111,323.00

Para este primer caso, con la instalación de una pletina de 5cm de ancho y 0.12cm de espesor se incrementa la resistencia de la columna hasta 71 mil kg. Sin embargo, la recomendación en la colocación de fibra de carbono es que se realice de forma simétrica, por lo que se opta por la colocación de 2 pletinas, para una capacidad de carga de hasta 84 mil kg. Con esa adición de fibra, se incrementaría casi un 47% su resistencia (ver **Figura 38**).

Figura 38. Colocación de pletinas de fibra de carbono para Prototipo 1

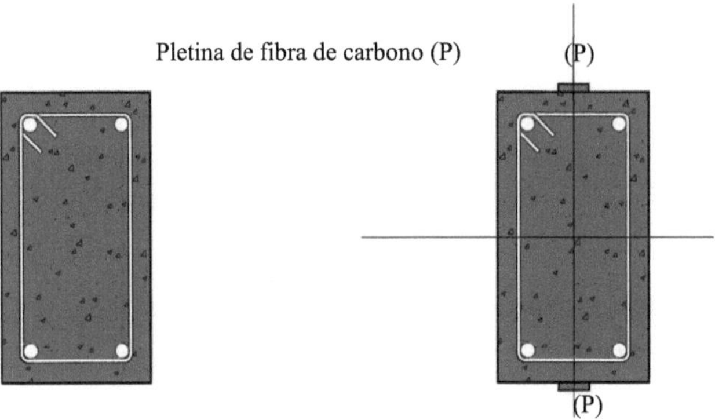

Columna de 25x45cm

Resistencia original de columna:

57,563.00 Kg

Columna de 25x45cm

Resistencia reconfigurada de columna:

84,443.00 Kg

Prototipo 4 al 7.

Análisis de pletinas para incrementar una resistencia desde 57,563 kg a 102,046 kg.

				N. de pletina	Incremento de resistencia (Kg)	Resistencia final de columna (Kg)
Peso aplicado en columna (Kg)	57,563.00	Modelo Carbodur ®	Sika	1	13,440.00	71,003.00
		S512		2	26,880.00	84,443.00
Peso resistido en columna (Kg)	102,046.00	Ancho de pletina (cm)	Espesor (mm)	3	40,320.00	97,883.00
		5	0.12	4	53,760.00	111,323.00

Para el segundo caso, que cubre a los prototipos 4 al 7 – de acuerdo con la figura 38), se propone la instalación de 4 pletinas de 5cm de ancho y 0.12cm de espesor para incrementar la resistencia de la columna hasta 111 mil kg. Con esa adición de fibra, se incrementaría casi un 93% su resistencia, en el peor de los casos. (ver **Figura 39**).

Figura 39. Colocación de pletinas de fibra de carbono para Prototipos 4 al 7.

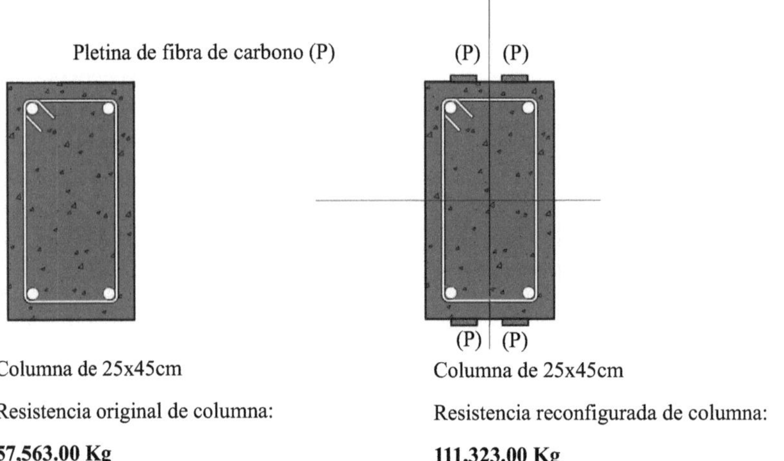

Columna de 25x45cm

Resistencia original de columna:

57,563.00 Kg

Columna de 25x45cm

Resistencia reconfigurada de columna:

111,323.00 Kg

Con respecto a las trabes, se realizó una revisión por momentos resistentes y máximos sin obtener una respuesta desfavorable en la estructura. Sin embargo, en el modelo estructural realizado en ETABS Pro se detectó una trabe con problemas de cortante, por lo que la revisión y la determinación del requerimiento de fibras de carbono se realizó bajo este análisis (ver **Figura 40**).

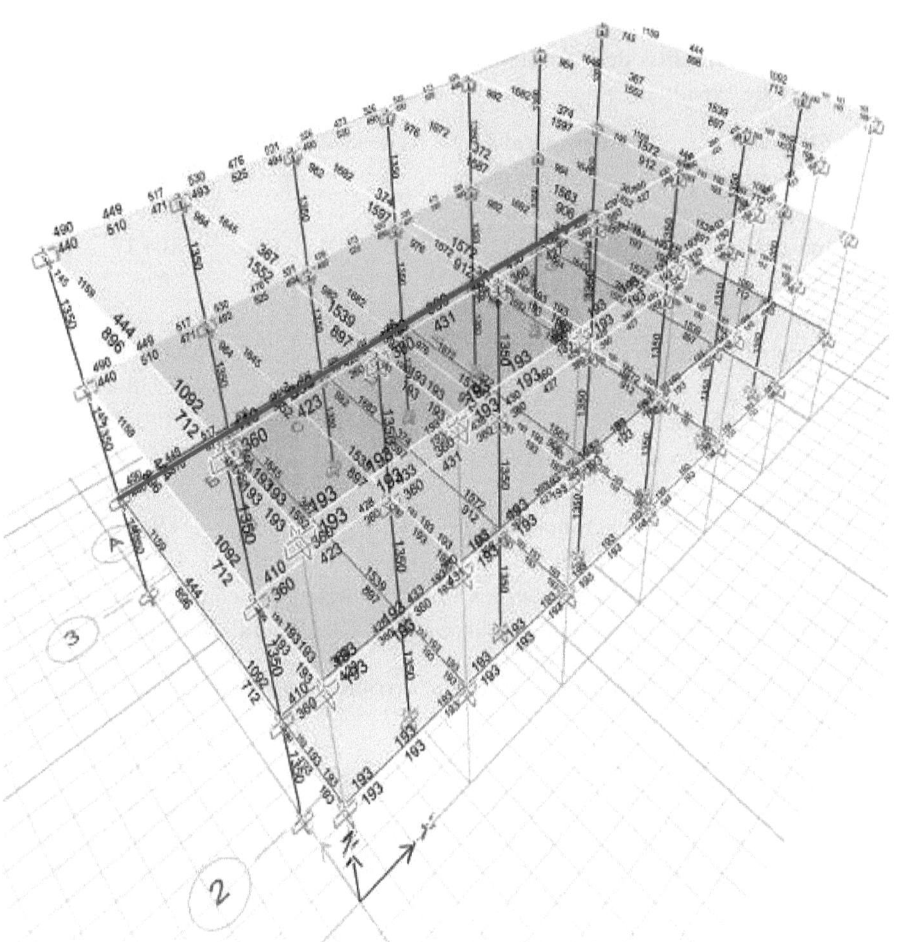

Nota. En la fachada posterior del edificio, el software determinó un problema de cortante. Elaboración propia.

Para ello, se analizó el peso aplicado a las trabes, tanto con el factor de carga de 1.1, del Reglamento de construcciones de 1966, como los factores de carga vigentes (Ver **Figuras 41 y 42**).

Figura 41. Análisis de peso aplicado a trabes, bajo el factor de carga del RCDF de 1966.

Elemento estructural	Peso total del elemento (Kg)	N. de elementos	Peso total aplicado (Kg)
Losa de concreto	7,499.95	1	7,499.95
Impermeabilizante	104.17	1	104.17
Trabes de concreto	2,070.72	1	2.070.72
Muro vitrificado	5,863.65	1	5,863.65
			15,538.49
Carga viva azotea	2,083.32	1	2,083.32
Carga viva entrepiso	7,291.62	1	7,291.62
Peso total de superficie tributaria			24,913.43
Peso aplicado a trabe (Kg/m)			4.262.02

Nota. Análisis de pesos canalizados hacia una trabe tipo, con una superficie tributaria de casi 21 m² y un Factor de carga de 1.1. Elaboración propia.

Figura 42. Análisis de peso aplicado a trabes, bajo el factor de carga vigente.

Elemento estructural	Peso total del elemento (Kg)	N. de elementos	Peso total aplicado (Kg)
Losa de concreto	7,499.95	1	7,499.95
Impermeabilizante	104.17	1	104.17
Trabes de concreto	2,070.72	1	2.070.72
Muro vitrificado	5,863.65	1	5,863.65
			15,538.49
Carga viva azotea	2,083.32	1	2,083.32

Carga viva entrepiso	7,291.62	1	7,291.62
Peso total de superficie tributaria			24,913.43
Peso aplicado a trabe (Kg/m)			6,038.64

Nota. Análisis de pesos canalizados hacia una trabe tipo, con una superficie tributaria de casi 21 m² y Factores de carga de 1.5 y 1.7 para carga muerta y viva, respectivamente. Elaboración propia.

Se realizó la revisión por cortantes aplicados a la trabe y cortantes admitidos para establecer el comportamiento de las piezas de concreto. Para la carga aplicada de 6,038.64 kg/m se obtuvieron los siguientes resultados:

Figura 43. Análisis de cortante, bajo el factor de carga del RCDF de 1966.

Cortante resistente en la pieza (trabe)

Vr	6,071.57 Kg

Cortante aplicado en la pieza

Vap	19,414.22 Kg

Nota. La sección analizada para revisión de los efectos cortantes en la pieza es una trabe de concreto armado, con acero de refuerzo mínimo y una sección de 20x60cm, con 5 cm de recubrimiento. Elaboración propia.

Como se puede observar, hay una diferencia importante entre los valores mínimos establecidos y los valores requeridos para absorber un esfuerzo máximo en la pieza, de casi 13,300 kg. Por lo tanto, se propone una pletina para incrementar la resistencia hasta 19,511 kg, con un valor muy cercano al necesario por el efecto cortante de la pieza (ver **Figura 44**)

Figura 44. Análisis de pletinas para incrementar la resistencia de 6,071 kg a 19,414 kg.

				N. de pletina	Incremento de resistencia (Kg)	Resistencia final de columna (Kg)
Peso aplicado en viga (Kg)	6,071.53	Modelo Sika Carbodur ®		1	13,440.00	19,511.53
		S512		2	26,880.00	32,951.53
Peso resistido en viga (Kg)	19,414.22	Ancho de pletina (cm)	Espesor (mm)	3	40,320.00	46,391.53
		5	0.12	4	53,760.00	59,831.53

Nota. Con una pletina de 5cm se puede incrementar la resistencia en la trabe, para absorber los efectos de cortante en la pieza. Elaboración propia.

El refuerzo en la estructura de concreto de un edificio escolar por medio de fibras de carbono logra incrementar el comportamiento del inmueble ante cargas gravitacionales, sísmica y de cortante tanto en columnas como en trabes; logrando con ello, mantener en óptimas condiciones estructurales a un edificio e incrementar su vida útil.

La incorporación de pletinas permite incrementar la resistencia en, por lo menos, un 50% sin ampliar la sección estructural de los elementos y sin afectar las soluciones arquitectónicas de los espacios. Para el caso analizado, en el tema de las trabes, sólo fue necesaria la adición de una pletina de fibra de carbono para mejorar el comportamiento de la pieza en efectos de cortante y que, sin duda, mejora el comportamiento en los momentos actuantes (ver **Figura 45**).

Figura 45. Análisis de pletinas para incrementar la resistencia de 6,071 kg a 19,414 kg.

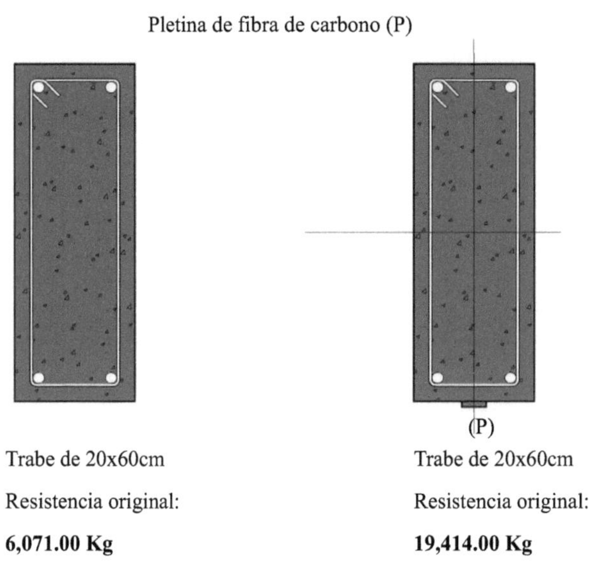

Nota. Con una pletina de 5cm se puede incrementar la resistencia en la trabe, para absorber los efectos de cortante en la pieza. Elaboración propia.

Finalmente, el edificio mostró una mejora en el comportamiento estructural (ver **Figura 46**).

Figura 46. Edificio escolar con pletinas de fibra de carbono.

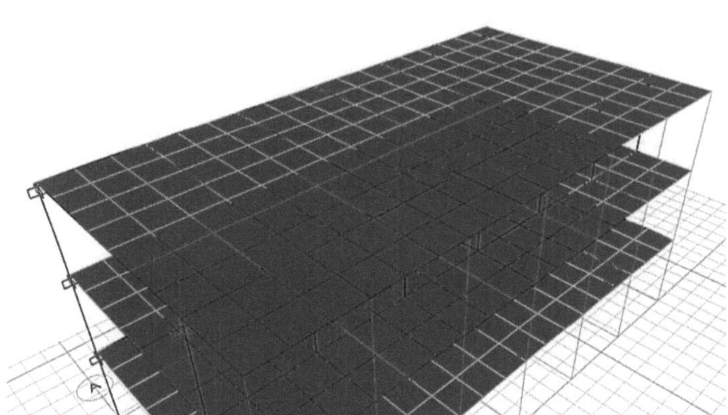

Nota. Disminución de deformaciones por medio del reforzamiento con pletinas de fibra de carbono. Elaboración propia.

Conclusiones y recomendaciones.

La toma de decisión sobre los edificios antiguos se encamina hacia dos rutas posibles: el reforzamiento estructural o la demolición parcial o total del inmueble. El costo por reforzamiento con fibras de carbono es mucho más elevado que el reforzamiento por encamisados de concreto, por lo que su participación en el proceso de reforzamiento tiene que ver con la economía y el valor histórico del inmueble.

La inversión inicial por el proceso de reforzamiento se debe diferir a un plazo de casi 20 años. Inclusive podría ser más económico (en el mismo periodo de tiempo) que un encamisado tradicional de concreto hasta en un 44% (Meza, 2016, p. 9).

La vida útil de un edificio oscila entre los 70 o más años dependiendo de la calidad de los materiales empleados y de su mantenimiento. Pero un factor que impera en ciudades sísmicas tiene que ver con la calidad del suelo y con actualizaciones de su reglamentación constructiva (y su aplicación obligatoria). Desafortunadamente, el suelo de la ciudad de México se ha visto fracturado en los últimos 7 años, debido a los temblores trepidatorios y a la extracción excesiva de agua de los mantos freáticos del suelo; derivando en suelos compresibles (en el mejor de los casos) o colapsables (en el peor de ellos). Los edificios construidos durante el siglo XX deberán ser valorados y monitoreados constantemente para evitar hundimientos diferenciales y fallas en un corto o mediano plazo.

La pérdida de capacidad de carga de un edificio de concreto puede tener su origen en distintos errores, inclusive errores que aparezcan desde la etapa de planeación y diseño arquitectónico del inmueble. Podría deberse a un error en el dimensionamiento de los elementos estructurales (error en las dimensiones de origen de las columnas, de las trabes y de sus losas), en un error por una mala selección del acero de refuerzo y de sus porcentajes balanceados, por la fractura de una pieza y la penetración de humedad y su afectación por la oxidación del acero de refuerzo. Por ello es importante aclarar que no sólo los edificios antiguos requieren reforzamiento, también puede suceder que inmuebles nuevos carezcan de criterios básicos de diseño y se obtengan edificios que, desde su origen, presenten estructuras fallidas.

Con base a lo anterior, se argumenta que, adicionar fibra de carbono a los edificios es una posibilidad de incrementar esa capacidad de carga y actualizar, tectónicamente, al inmueble. Indudablemente, la adición de fibras de carbono mejora el comportamiento estructural de los edificios, sin incrementar el peso muerto de los mismos, por lo que las condiciones de peso transmitido al suelo casi son las mismas que en su estado original. Los costos por la aplicación de la fibra de carbono son excesivos, en comparativa con los encamisados tradicionales de concreto, pero si es prorrateada la inversión a un lapso de 20 años, podría resultar mucho más económico que un refuerzo tradicional, ganando tiempo de vida útil del edificio que podría compensar el costo inicial de instalación de la fibra.

Adicionar fibras de carbono en los edificios conservaría el patrimonio cultural arquitectónico de la ciudad, sin perder testigos de la historia urbana y sin perder las obras emblemáticas nacionales. El casi nulo incremento de peso por el reforzamiento con fibra de carbono garantiza que el sistema de cimentación no presente hundimientos por carga excesiva ni fallas por cortante en la interacción suelo-estructura.

Sin embargo, sabemos que eso no es la única variable por considerar en el rescate de los edificios ya que, como se ha anotado, aún queda el suelo y sus fallas inherentes.

Referencias bibliográficas.

Cámara Mexicana de la Industria de la Construcción (CMIC). (2014).
Catálogo de estructuras CAPFCE.
https://www.cmic.org.mx/comisiones/Sectoriales/educacion/Reuniones/
Reuni%C3%B3n_de_Trabajo_CMIC-INIFED/REUNI%C3%93N_06-
08-2104/CATALOGO%20DE%20ESTRUCTURAS%20CAPFCE.pdf

Congreso de la Ciudad de México. (2019, 12 de marzo). Informe sobre
actividades legislativas. Recuperado de
https://www.congresocdmx.gob.mx/media/banners/d120319-2.pdf

Contralacorrupción. (2021, septiembre 19). CDMX, sismo 19S: Sin lecciones.
https://contralacorrupcion.mx/cdmx-sismo-19s-sin-
lecciones/#:~:text=En%20el%20terremoto%20del%2019,la%20muerte
%20de%20228%20personas.

El Universal. (2020, 23 de enero). Cuando arquitectos mexicanos crearon
escuelas de exportación. Recuperado de
https://www.eluniversal.com.mx/cultura/patrimonio/cuando-arquitectos-
mexicanos-crearon-escuelas-de-exportacion/

Escuela Nacional de Educación Pública. (s.f.). Evolución del sistema
educativo mexicano.
https://gc.scalahed.com/recursos/files/r161r/w24802w/Evoluacion_siste
ma_educativo_mexicano.pdf

Gobierno de la Ciudad de México. (2020). Asignación de la vulnerabilidad
sísmica de edificios de la Ciudad de México. Recuperado el 2 de enero
de 2025, de
https://transparencia.cdmx.gob.mx/storage/app/uploads/public/603/44f/
037/60344f0373bc4732608066.pdf

Gobierno de la Ciudad de México. (2023). Concluyen obras de rehabilitación
y reconstrucción en el 97% de escuelas de nivel básico dañadas por el
sismo del 19 de
septiembre. https://www.obras.cdmx.gob.mx/comunicacion/nota/conclu
yen-obras-de-rehabilitacion-y-reconstruccion-en-el-97-de-escuelas-de-
nivel-basico-danadas-por-el-sismo-19-s

Gobierno de la Ciudad de México. (s.f.). Informe anual de transparencia 2020. Recuperado el 2 de enero de 2025, de https://transparencia.cdmx.gob.mx/storage/app/uploads/public/603/44f/037/60344f0373bc4732608066.pdf

Instituto Belisario Domínguez. (2017). Reporte 50: La educación en México: Retos y perspectivas. https://bibliodigitalibd.senado.gob.mx/bitstream/handle/123456789/3764/reporte_50_221117_web%20%282%29.pdf

Instituto de Ingeniería, UNAM. (2020, diciembre). Actualización de la zonificación sísmica de la Ciudad de México y áreas aledañas. Recuperado el [fecha de consulta], de https://transparencia.cdmx.gob.mx/storage/app/uploads/public/603/44b/1c6/60344b1c69beb045505965.pdf

Instituto de Ingeniería, UNAM. (s.f.). Historia del SIMOH. Recuperado el [fecha de consulta], de http://proyectos2.iingen.unam.mx/SIMOH/Historia.aspx

Instituto de Seguridad y Construcción de la Ciudad de México (ISC). (2023). Normas técnicas complementarias 2023. https://www.isc.cdmx.gob.mx/directores-res/cursos-de-actualizacion-2022/normas-tecnicas-complementarias-2023

Maldonado Mora, D.A., & Durán Fernández, J. R. (2013). Metodologías para la evaluación y reforzamiento estructural de edificios de hormigón armado mediante muros de corte y fibras de carbono. PUCE. Recuperado el 09 de junio de 2024. https://repositorio.puce.edu.ec/items/db8228fb-f53d-4fac-8ced-a39b03a07303

Meza Aquino, M. (2016). Análisis y comparación económica entre reforzamiento con ensanchamiento de sección de columna y reforzamiento con fibra de carbono en la estación de telecomunicación "Pacífico"-2016. Repositorio Institucional – Universidad César Vallejo. Recuperado el 12 de junio de 2024. https://repositorio.ucv.edu.pe/handle/20.500.12692/18421

Ornelas, C. (2019, 14 de mayo). Segundo adiós al CAPFCE. Excélsior. Recuperado de https://www.excelsior.com.mx/opinion/carlos-ornelas/segundo-adios-al-capfce/1320218

Reconstrucción de escuelas y hospitales por sismo de 2017 lleva avance de 40%. (2024, diciembre 30). El Sol de México. https://oem.com.mx/elsoldemexico/mexico/reconstruccion-de-escuelas-y-hospitales-por-sismo-de-2017-lleva-avance-de-40-16697780

Secretaría de Educación Pública (SEP). (s.f.). Administración Federal de Servicios Educativos en el Distrito Federal. Recuperado el [fecha de recuperación], de https://www.gob.mx/sep/acciones-y-programas/administracion-federal-de-servicios-educativos-en-el-distrito-federal

Secretaría de Obras y Servicios de la Ciudad de México. (2023, 12 de septiembre). Concluyen obras de rehabilitación y reconstrucción en el 97% de escuelas de nivel básico dañadas por el sismo 19-S. Recuperado de https://www.obras.cdmx.gob.mx/comunicacion/nota/concluyen-obras-de-rehabilitacion-y-reconstruccion-en-el-97-de-escuelas-de-nivel-basico-danadas-por-el-sismo-19-s

Servicio Sismológico Nacional. (s.f.). Magnitud de un sismo. Recuperado el [fecha de consulta], de http://www.ssn.unam.mx/jsp/reportesEspeciales/Magnitud-de-un-sismo.pdf

SIKA. (2022). Sika® CarboDur® S (Ficha técnica). SIKA Group. Recuperado el 12 de junio de 2024. https://mex.sika.com/es/construccion/reparacion-y-reforzamiento/reforzamiento-estructuralfibrasdecarbono/sika-carbodur-s.html

Universidad Nacional Autónoma de México. (2015). El sismo de 1985 en la Ciudad de México: 30 años de su ocurrencia. Dirección General de Comunicación Social. https://www.dgcs.unam.mx/boletin/bdboletin/2015_543.html#:~:text=LoshospitalesJurezyGeneral,los371edificiosquecolapsaron.

Vilca Ames, J. A. (2017). Diseño del Refuerzo Estructural de un Edificio Mediante Fibras de Carbono Aplicando la Norma E.030 2016 – Huaraz,

2017. Repositorio Institucional – Universidad César Vallejo. Recuperado el 09 de junio de 2024. https://repositorio.ucv.edu.pe/handle/20.500.12692/13378

Wikipedia. (s.f.). Ciudad de México. En Wikipedia. Recuperado el 2 de enero de 2025, de https://es.wikipedia.org/wiki/Ciudad_de_M%C3%A9xico

Printed by Books on Demand GmbH, Norderstedt / Germany